“十四五”时期国家重点出版物出版专项规划项目

中国石油二氧化碳捕集、利用与封存（CCUS）技术丛书

主编　张道伟

石油行业碳捕集技术

李利军　谢振威　徐　坡　林贤莉　◎等编著

石油工業出版社

内容提要

本书围绕石油化工行业“双碳”目标的实现，总结梳理了石油行业典型的碳排放情况，在此基础上，介绍了目前可规模化推广应用的碳捕集技术。重点阐述了化学吸收法中 AEEA 复合醇胺溶液碳捕集技术、相变吸收复合醇胺溶液碳捕集技术、活化 MDEA 碳捕集技术和热钾碱碳捕集技术，物理吸收法中 NHD 碳捕集技术，吸附法中 PSA 碳捕集技术，以及其他碳捕集技术中压缩液化和低温精馏碳捕集技术等。

本书可供从事二氧化碳捕集、利用与封存工作的管理人员及工程技术人员使用，也可作为石油企业培训用书、石油院校相关专业师生参考用书。

图书在版编目（CIP）数据

石油行业碳捕集技术 / 李利军等编著 .—北京：石油工业出版社，2023.8

（中国石油二氧化碳捕集、利用与封存（CCUS）技术丛书）

ISBN 978-7-5183-5987-5

Ⅰ. ①石… Ⅱ. ①李… Ⅲ. ①石油工业 – 二氧化碳 – 收集 – 研究 Ⅳ. ① X701.7

中国国家版本馆 CIP 数据核字（2023）第 080208 号

出版发行：石油工业出版社
（北京安定门外安华里 2 区 1 号　100011）
网　址：www.petropub.com
编辑部：（010）64523546
图书营销中心：（010）64523633
经　　销：全国新华书店
印　　刷：北京中石油彩色印刷有限责任公司

2023 年 8 月第 1 版　2023 年 8 月第 1 次印刷
787×1092 毫米　开本：1/16　印张：13.25
字数：190 千字

定价：110.00 元
（如出现印装质量问题，我社图书营销中心负责调换）

《中国石油二氧化碳捕集、利用与封存（CCUS）技术丛书》

编委会

专家组

编撰办公室

《石油行业碳捕集技术》
编写组

组　　长：李利军

副 组 长：谢振威　徐　坡　林贤莉

成　　员：（按姓氏笔画排序）

于　瑶　王　岩　王欢欢　王沙沙　化　国
左文耀　石　壮　刘　岱　刘安盟　刘陶然
关志阳　孙长庚　孙启虎　巫小元　杨　蒙
杨树林　吴　涛　冷雪冰　沈继锋　张　哲
张旭辉　张培丽　陈情来　武润宇　林　灿
卓　强　周玉鑫　宗志乔　赵　林　赵小航
胡瀚元　贾宁洪　高晓宇　黄　莺　曹　禺
梁士锋　彭玉许　彭修军　董　振　焦雪文
解政鼎　蔡　勇

序 一

自 1992 年 143 个国家签署《联合国气候变化框架公约》以来，为了减少大气中二氧化碳等温室气体的含量，各国科学家和研究人员就开始积极寻求埋存二氧化碳的途径和技术。近年来，国内外应对气候变化的形势和政策都发生了较大改变，二氧化碳捕集、利用与封存（Carbon Capture，Utilization and Storage，简称 CCUS）技术呈现出新技术不断涌现、种类持续增多、能耗成本逐步降低、技术含量更高、应用更为广泛的发展趋势和特点，CCUS 技术内涵和外延得到进一步丰富和拓展。

2006 年，中国石油天然气集团公司（简称中国石油）与中国科学院、国务院教育部专家一道，发起研讨 CCUS 产业技术的香山科学会议。沈平平教授在会议上做了关于“温室气体地下封存及其在提高石油采收率中的资源化利用”的报告，结合我国国情，提出了发展 CCUS 产业技术的建议，自此中国大规模集中力量的攻关研究拉开序幕。2020 年 9 月，我国提出力争 2030 年前二氧化碳排放达到峰值，努力争取 2060 年前实现碳中和，并将“双碳”目标列为国家战略积极推进。中国石油积极响应，将 CCUS 作为“兜底”技术加快研究实施。根据利用方式的不同，CCUS 中的利用（U）可以分为油气藏利用（CCUS-EOR/EGR）、化工利用、生物利用等方式。其中，二氧化碳捕集、驱油与埋存

（CCUS-EOR）具有大幅度提高石油采收率和埋碳减排的双重效益，是目前最为现实可行、应用规模最大的 CCUS 技术，其大规模深度碳减排能力已得到实践证明，应用前景广阔。同时通过形成二氧化碳捕集、运输、驱油与埋存产业链和产业集群，将为“增油埋碳”作出更大贡献。

实干兴邦，中国CCUS在行动。近20年，中国石油在CCUS-EOR 领域先后牵头组织承担国家重点基础研究发展计划（简称“973 计划”）（两期）、国家高技术研究发展计划（简称“863 计划”）和国家科技重大专项项目（三期）攻关，在基础理论研究、关键技术攻关、全国主要油气盆地的驱油与碳埋存潜力评价等方面取得了系统的研究成果，发展形成了适合中国地质特点的二氧化碳捕集、埋存及高效利用技术体系，研究给出了驱油与碳埋存的巨大潜力。特别是吉林油田实现了 CCUS-EOR 全流程一体化技术体系和方法，密闭安全稳定运行十余年，实现了技术引领，取得了显著的经济效益和社会效益，积累了丰富的 CCUS-EOR 技术矿场应用宝贵经验。2022 年，中国石油 CCUS 项目年注入二氧化碳突破百万吨，年产油量 31 万吨，累计注入二氧化碳约 560 万吨，相当于种植 5000 万棵树的净化效果，或者相当于 350 万辆经济型小汽车停开一年的减排量。经过长期持续规模化实践，探索催生了一大批 CCUS 原创技术。根据吉林油田、大庆油田等示范工程结果显示，CCUS-EOR 技术可提高油田采收率 10%~25%，每注入 2~3 吨二氧化碳可增产 1 吨原油，增油与埋存优势显著。中国石油强力推动 CCUS-EOR 工作进展，预计

2025—2030 年实现年注入二氧化碳规模 500 万~2000 万吨、年产油 150 万~600 万吨；预期 2050—2060 年实现年埋存二氧化碳达到亿吨级规模，将为我国“双碳”目标的实现作出重要贡献。

厚积成典，品味书香正当时。为了更好地系统总结 CCUS 科研和试验成果，推动 CCUS 理论创新和技术发展，中国石油组织实践经验丰富的行业专家撰写了《中国石油二氧化碳捕集、利用与封存（CCUS）技术丛书》。该套丛书包括《石油工业 CCUS 发展概论》《石油行业碳捕集技术》《超临界二氧化碳混相驱油机理》《CCUS-EOR 油藏工程设计技术》《CCUS-EOR 注采工程技术》《CCUS-EOR 地面工程技术》《CCUS-EOR 全过程风险识别与管控》7 个分册。该丛书是中国第一套全技术系列、全方位阐述 CCUS 技术在石油工业应用的技术丛书，是一套建立在扎实实践基础上的富有系统性、可操作性和创新性的丛书，值得从事 CCUS 的技术人员、管理人员和学者学习参考。

我相信，该丛书的出版将有力推动我国 CCUS 技术发展和有效规模应用，为保障国家能源安全和“双碳”目标实现作出应有的贡献。

中国工程院院士 袁士义

序 二

宇宙浩瀚无垠，地球生机盎然。地球形成于约46亿年前，而人类诞生于约600万年前。人类文明发展史同时也是一部人类能源利用史。能源作为推动文明发展的基石，在人类文明发展历程中经历薪柴时代、煤炭时代、油气时代、新能源时代，不断发展、不断进步。当前，世界能源格局呈现出“两带三中心”的生产和消费空间分布格局。美国页岩革命和能源独立战略推动全球油气生产趋向西移，并最终形成中东—独联体和美洲两个油气生产带。随着中国、印度等新兴经济体的快速崛起，亚太地区的需求引领世界石油需求增长，全球形成北美、亚太、欧洲三大油气消费中心。

人类活动，改变地球。伴随工业化发展、化石燃料消耗，大气圈中二氧化碳浓度急剧增加。2022年能源相关二氧化碳排放量约占全球二氧化碳排放总量的87%，化石能源燃烧是全球二氧化碳排放的主要来源。以二氧化碳为代表的温室气体过度排放，导致全球平均气温不断升高，引发了诸如冰川消融、海平面上升、海水酸化、生态系统破坏等一系列极端气候事件，对自然生态环境产生重大影响，也对人类经济社会发展构成重大威胁。2020年全球平均气温约15℃，较工业化前期气温（1850—1900年平均值）高出1.2℃。2021年联合国气候变化大会将“到本世纪末控制全球温度升高 1.5℃”作为确保人类能够在地球上永续生存的目标之一，并全方位努力推动能源体系向化石能源低碳化、无碳化发展。减少大气圈内二氧化碳含量成为碳达峰与碳中和的关键。

气候变化，全球行动。2020 年 9 月 22 日，中国在联合国大会一般性辩论上向全世界宣布，中国将提高国家自主贡献力度，采取更加有力的政策和措施，力争于 2030 年前将二氧化碳排放量达到峰值，努力争取于 2060 年前实现碳中和。中国是全球应对气候变化工作的参与者、贡献者和引领者，推动了《联合国气候变化框架公约》《京都议定书》《巴黎协定》等一系列条约的达成和生效。

守护家园，大国担当。20 世纪 60 年代，中国就在大庆油田探索二氧化碳驱油技术，先后开展了国家“973 计划”“863 计划”及国家科技重大专项等科技攻关，建成了吉林油田、长庆油田的二氧化碳驱油与封存示范区。截至 2022 年底，中国累计注入二氧化碳超过 760 万吨，中国石油累计注入超过 560 万吨，占全国 70% 左右。CCUS 试验包括吉林油田、大庆油田、长庆油田和新疆油田等试验区的项目，其中吉林油田现场 CCUS 已连续监测 14 年以上，验证了油藏封存安全性。从衰竭型油藏封存量看，在松辽盆地、渤海湾盆地、鄂尔多斯盆地和准噶尔盆地，通过二氧化碳提高石油采收率技术（CO_2-EOR）可以封存约 51 亿吨二氧化碳；从衰竭型气藏封存量看，在鄂尔多斯盆地、四川盆地、渤海湾盆地和塔里木盆地，利用枯竭气藏可以封存约 153 亿吨二氧化碳，通过二氧化碳提高天然气采收率技术（CO_2-EGR）可以封存约 90 亿吨二氧化碳。

久久为功，众志成典。石油领域多位权威专家分享他们多年从事二氧化碳捕集、利用与封存工作的智慧与经验，通过梳理、总结、凝练，编写出版《中国石油二氧化碳捕集、利用与封存（CCUS）技术丛书》。丛书共有7个分册，包含石油领域二氧化碳捕集、储存、驱油、封存等相关理论与技术、风险识别与管控、政策和发展战略等。该丛书是目前中国第一套全面系统论述CCUS技术的丛书。从字里行间不仅能体会到石油科技创新的重要作用，也反映出石油行业的作为与担当，值得能源行业学习与借鉴。该丛书的出版将对中国实现“双碳”目标起到积极的示范和推动作用。

面向未来，敢为人先。石油行业必将在保障国家能源供给安全、实现碳中和目标、建设“绿色地球”、推动人类社会与自然环境的和谐发展中发挥中流砥柱的作用，持续贡献石油智慧和力量。

中国科学院院士

丛书前言

中国于2020年9月22日向世界承诺实现碳达峰碳中和，以助力达成全球气候变化控制目标。控制碳排放、实现碳中和的主要途径包括节约能源、清洁能源开发利用、经济结构转型和碳封存等。作为碳中和技术体系的重要构成，CCUS技术实现了二氧化碳封存与资源化利用相结合，是符合中国国情的控制温室气体排放的技术途径，被视为碳捕集与封存（Carbon Capture and Storage，简称CCS）技术的新发展。

驱油类CCUS是将二氧化碳捕集后运输到油田，再注入油藏驱油提高采收率，并实现永久碳埋存，常用CCUS-EOR表示。由此可见，CCUS-EOR技术与传统的二氧化碳驱油技术的内涵有所不同，后者可以只包括注入、驱替、采出和处理这几个环节，而前者还包括捕集、运输与封存相关内容。CCUS-EOR的大规模深度碳减排能力已被实践证明，是目前最为重要的CCUS技术方向。中国石油CCUS-EOR资源潜力逾67亿吨，具备上产千万吨的物质基础，对于1亿吨原油长期稳产和大幅度提高采收率有重要意义。多年来，在国家有关部委支持下，中国石油组织实施了一批CCUS产业技术研发重大项目，取得了一批重要技术成果，在吉林油田建成了国内首套CCUS-EOR全流程一体化密闭系统，安全稳定运行十余年，以“CCUS+新能源”实现了油气的绿色负碳开发，积累了丰富的 CCUS-EOR 技术矿场应用宝贵经验。

理论来源于实践，实践推动理论发展。经验新知理论化系统化，关键技术有形化资产化是科技创新和生产经营进步的表现方式和有效路径。中国石油汇聚 CCUS 全产业链理论与技术，出版了《中国石油二氧化碳捕集、利用与封存（CCUS）技术丛书》，丛书包括《石油工业 CCUS 发展概论》《石油行业碳捕集技术》《超临界二氧化碳混相驱油机理》《CCUS-EOR 油藏工程设计技术》《CCUS-EOR 注采工程技术》《CCUS-EOR 地面工程技术》《CCUS-EOR 全过程风险识别与管控》7 个分册，首次对 CCUS-EOR 全流程包括碳捕集、碳输送、碳驱油、碳埋存等各个环节的关键技术、创新技术、实用方法和实践认识等进行了全面总结、详细阐述。

《中国石油二氧化碳捕集、利用与封存（CCUS）技术丛书》于 2021 年底在世纪疫情中启动编撰，丛书编撰办公室组织中国石油油气和新能源分公司、中国石油吉林油田分公司、中国石油勘探开发研究院、中国昆仑工程有限公司、中国寰球工程有限公司和西南石油大学的专家学者，通过线上会议设计图书框架、安排分册作者、部署编写进度；在成稿过程中，多次组织“线上 + 线下”会议研讨各分册主体内容，并以函询形式进行专家审稿；2023 年 7 月丛书出版在望时，组织了全体参编单位的线下审稿定稿会。历时两年集结成册，千锤百炼定稿，颇为不易！

本套丛书荣耀入选“十四五”国家重点出版物出版规划，各参编单位和石油工业出版社共同做了大量工作，促成本套丛书出版成为国家级重大出版工程。在此，我谨代表丛书编委会对所有参与丛书编写的作者、审稿专家和对本套丛书出版作出贡献的同志们表示衷心感谢！在丛书编写过程中，还得到袁士义院士、胡文瑞院士、邹才能院士、刘合院士、沈平平教授和赵金洲教授等学者的大力支持，在此表示诚挚的谢意！

CCUS 方兴未艾，产业技术呈现新项目快速增加、新技术持续迭代以及跨行业、跨地区、跨部门联合运行等特点。衷心希望本套丛书能为从事 CCUS 事业的相关人员提供借鉴与帮助，助力鄂尔多斯、准噶尔和松辽三个千万吨级驱油与埋存“超级盆地”建设，推动我国 CCUS 全产业链技术进步，为实现国家“双碳”目标和能源行业战略转型贡献中国石油力量！

张道伟

2023 年 8 月

前言

习近平主席在2020年9月举行的第七十五届联合国大会一般性辩论上提出了中国积极践行碳中和碳达峰目标，二氧化碳排放力争于2030年前达到峰值，努力争取2060年前实现碳中和。

2022年6月，中国石油发布《中国石油绿色低碳发展行动计划3.0》，按照计划，中国石油将在2035年碳埋存能力超过1×10^{8}t，2050年形成引领CCS/CCUS产业发展的能力。中国石油党组指出，新能源业务要加快推进CCUS示范工程，实现规模化发展，重点在松辽盆地、鄂尔多斯盆地、准噶尔盆地、渤海湾盆地、四川盆地、塔里木盆地和海南岛积极推动CCUS技术规模化运用。

在此背景下，针对石油化工行业可大规模推广的碳捕集技术编写本书。本书是《中国石油二氧化碳捕集、利用与封存（CCUS）技术丛书》分册之一。本书主编单位为中国昆仑工程有限公司，参编单位有中国寰球工程有限公司、中国石油工程建设有限公司、中国石油大庆石化公司、中国石油勘探开发研究院、中国石油石油化工研究院、中国石油规划总院、中国石油西南油气田公司天然气研究院等。

本书共六章。第一章介绍了CCUS技术的总体概况，由李利军、谢振威、刘岱、王欢欢、刘陶然、蔡勇、杨蒙等编写；第二章介绍了二氧化碳捕集技术的发展历史及现状，由李利军、谢振威、王岩、王沙沙、刘安盟、陈情来、贾宁洪、彭修军等编写；第三章对石油化工行业的碳源进行了分类及统计，由徐坡、冷雪冰、杨树林等编写；第四章介绍了吸收法碳捕集技术，由冷雪冰、石壮、于瑶、刘岱、林贤莉、黄莺、梁士锋、解政鼎、林灿、张旭辉、孙长庚、关志阳、曹禺、左文耀、赵小航、宗志乔、吴涛、高晓宇、孙启虎、沈继锋等编写；第五章介绍了吸附法碳捕集技术，由卓强、周玉鑫、董振、张培丽、胡瀚元等编写；第六章介绍了其他碳捕集技术，由武润宇、彭玉浒、巫小元、赵林、焦雪文、化国、张哲等编写。本书由谢振威、徐坡、冷雪冰统稿，由高飞、费宏民主审，李利军定稿。

本书在编写过程中得到了李汝新、何盛宝、邢颖春、白雪峰、李崇杰、杨砾、魏弢、韩志群、王正元、蔡海军、高飞、田原、孟照海、费宏民、辛治溢、孙锐艳、兰图、劳国瑞、李耀彩、张慧书等专家的指导或帮助。谨在本书出版之际，向以上专家表示衷心感谢！

由于水平有限，书中难免有不足之处，敬请同行专家和读者批评指正。

目录

第一章　CCUS 技术概述

当前，全球气候变暖导致极端天气事件频发、海平面持续上升和生物多样性消失速度加快等问题已经成为国际社会共识，以二氧化碳（CO_2）为主的温室气体的大量排放是造成气候变暖的重要原因。控制温度继续升高、实现碳中和已经成为国际社会和各国政府未来几十年的一项重要议题。碳中和是指国家、企业、产品、活动或个人在一定时间内直接或间接产生的 CO_2 或温室气体排放总量，通过节能减排、能源替代、产业调整等方式，让人为排出的 CO_2 被回收，实现正负抵消，达到相对“零排放”。截至 2022 年 5 月，127 个国家已经提出或准备提出碳中和目标，覆盖全球 88% 的碳排放。我国力争于 2030 年前实现碳达峰、2060 年前实现碳中和，在不到 40 年的时间里实现净零排放，仅靠能源替代和提高能源效率是不够的，还需要积极消除碳排放，CCUS 技术已成为我国碳中和解决方案的重要组成部分。

第一节　CCUS 发展现状及前景

CCUS 技术是指将 CO_2 从工业过程、能源利用或大气中分离出来，直接加以利用或注入地层以实现 CO_2 永久减排的过程。CCUS 被认为是目前实现化石能源低碳化利用的唯一技术选择，也是实现我国碳中和碳达峰目标必不可少的技术手段。

一、CCUS 主要技术环节

按照技术流程，CCUS 可分为 CO_2 捕集、输送、利用与封存 4 个技术环节，具体见表 1-1。

表 1-1　CCUS 主要技术环节

技术环节	技术内容
CO_2 捕集技术	将 CO_2 从工业生产等排放源分离出来的过程，CO_2 捕集技术主要分为燃烧前捕集、燃烧后捕集、富氧燃烧捕集和化学链燃烧等技术
CO_2 输送技术	将捕集的 CO_2 输送到可利用地或封存场地的过程，运输方式分为车运、陆上管道、海上管道和船舶等方式
CO_2 利用技术	将捕集的 CO_2 通过工程技术手段实现其资源化利用的过程，主要分为化学利用、生物利用和地质利用等
CO_2 封存技术	将捕集的 CO_2 注入深部地质储存，主要分为咸水层封存和枯竭油气田封存等

CCUS 各技术环节紧密相连，相辅相成，前端的 CO_2 捕集技术为利用与封存技术环节提供 CO_2，中间的 CO_2 输送环节提供 CO_2 运输保障，后端 CO_2 利用将 CO_2 变废为宝，实现 CO_2 减排和经济收益的双赢，反过来也会促进碳捕集项目的发展。

二、国内外 CCUS 发展现状

国际能源署（IEA）和政府间气候变化专门委员会（IPCC）对 CCUS 在全球碳中和的作用和任务进行了预测，根据预测结果，CCUS 对碳减排的作用可分为三个阶段：第一阶段是 2030 年之前，重点将放在已有发电厂和工业过程的碳捕集，如煤电、化学制品、肥料、水泥及炼钢冶金；第二阶段为 2030—2050 年，CCUS 部署将快速增加，尤其是在水泥、钢铁和石油化工产业，该阶段碳捕集增量占近 1/3；第三阶段为 2050—2070 年，碳捕集比前一阶段增长 85%，利用 CCUS 技术实现净零碳排放。

近年来，全球范围内 CCUS 工业示范项目逐步增多、规模逐步扩大，发展势头良好。全球碳捕集与封存研究院（Global CCS Institute）发布的《全球碳捕集与封存现状 2022》报告[1]显示，截至 2022 年 9 月，全球商业化 CCUS 项目数量再创新高，共有 196 个 CCS 设施。其中，已经在运行的工业化规模的 CCS/CCUS 项目有 30 个，在建的有 11 个，处于高级开发阶段的有 78 个，处于早期开发阶段的有 75 个，另有 2 个已暂停运行，处于不同发展阶段的商业化 CCUS

项目的总捕集规模达到了 2.4397×10^8t/a，同比增加 44%。CCUS 项目涵盖了乙醇制造、化肥制造、发电、液化天然气、水泥、钢铁、垃圾发电、直接空气捕集和封存以及氢气生产等领域。

1. 国外 CCUS 现状

世界多个国家 / 地区积极部署 CCUS 项目建设，CCUS 工程建设不断推进。截至 2022 年 9 月，据统计 [1]，美洲共有 55 个商业化 CCUS 项目，其中美国 40 个，加拿大 13 个，巴西 2 个，项目涉及乙醇制造、发电、垃圾焚烧、化工生产、制氢等行业。欧洲是 2021 年 CCUS 设施主要增长地区之一，据统计，欧洲现有 73 个处于不同阶段的 CCUS 设施。亚太地区国家商业化 CCUS 项目中，澳大利亚 6 个，印度尼西亚 3 个，马来西亚、新西兰、泰国和韩国各 1 个。中东地区国家共有 6 个商业化 CCUS 项目。2021 年 9 月以来的重点里程碑事件见表 1-2。

表 1-2　2021 年 9 月以来的重点里程碑事件

国家	事件
美国	美国 CO_2 捕集技术企业 Entropy 的首个天然气发电 CO_2 捕集设施开始运行； 空气产品公司（Air Products）宣布在美国路易斯安那州建设全球最大规模的蓝氢项目； 西方石油公司（Occidental Petroleum）与直接空气捕集（DAC）公司 Carbon Engineering 合作，将在美国建设一个每年可捕集 50×10^4t CO_2 的直接空气捕集项目
英国	英国的 Drax 电站宣布了世界上最大的生物能源与 CCS（BECCS）项目，每年可捕集 CO_2 约 800×10^4t
挪威	全球首个垃圾焚烧 CCS 项目在挪威开始建设
冰岛	全球首个直接空气捕集 + 地质封存商业设施在冰岛投入使用
澳大利亚	澳大利亚桑托斯公司（Santos）的 Bayu-Undan 天然气液化 + 海上地质封存 CCS 项目进入详细工程设计阶段，该项目将利用现有天然气管道输送 CO_2

2. 国内 CCUS 现状

我国能源系统规模庞大、需求多样，到 2050 年，化石能源仍将扮演重要角色，占中国能源消费比例的 10%~15%。预计到 2060 年，我国仍有数亿吨非 CO_2 温室气体及部分电力、工业排放的 CO_2 需要减排，而 CCUS 技术将是实现该部分化石能源近零排放的唯一技术选择。在各种“双碳”政策的指导下，CCUS 技术将会实现快速发展，而 CCUS 技术中的碳捕集技术也将迎来新的发展机遇，走上快速发展的道路。

在相关政策推动下，我国 CCUS 技术已取得长足进步，根据《中国二氧化碳捕集利用与封存（CCUS）年度报告（2021）》[2]，我国已投运或建设中的 CCUS 示范项目约为 40 个，捕集能力 300×10^4t/a，多以石油、煤化工、电力行业小规模的捕集驱油示范为主。

我国已具备大规模捕集、利用与封存 CO_2 的工程能力，正在积极筹备全流程 CCUS 产业集群。国家能源集团有限责任公司（以下简称国家能源集团）鄂尔多斯 CCS 示范项目已成功开展了 10×10^4t/a 规模的 CCS 全流程示范。中国石油吉林油田 EOR 项目是全球正在运行的大型 CCUS 项目中唯一一个中国项目，也是亚洲最大的 EOR 项目，累计已注入 CO_2 超过 200×10^4t。国家能源集团国华锦界电厂 15×10^4t/a 燃烧后 CO_2 捕集与封存全流程示范项目于 2021 年 6 月投产，目前是我国最大的燃煤电厂 CCUS 示范项目。2022 年 8 月，由中国石化建设的我国首个百万吨级 CCUS 项目正式投产运行（齐鲁石化—胜利油田 CCUS 项目）。

我国 CCUS 技术项目遍布 19 个省份，捕集源的行业和封存利用的类型呈现多样化分布。我国 13 个涉及电厂和水泥厂的纯捕集示范项目总体 CO_2 捕集规模达 85.65×10^4t/a，11 个 CO_2 地质利用与封存项目规模达 182.1×10^4t/a，其中 EOR 项目的 CO_2 利用规模约为 154×10^4t/a。我国 CO_2 捕集碳源覆盖燃煤电厂的燃烧前捕集、燃烧后捕集和富氧燃烧捕集，燃气电厂的燃烧后捕集，煤化工的 CO_2 捕集以及水泥窑尾气的燃烧后捕集等多种技术。CO_2 封存及利用涉及咸水层封存、EOR、驱替煤层气（ECBM）、地浸采铀、CO_2 矿化利用、CO_2 合成可降解聚合物、重整制备合成气和微藻固定等多种方式。

三、CCUS 行业发展前景

1. 政策支持 CCUS 产业发展

美国已经出台 CCS 激励政策和法律，最著名的是《通货膨胀削减法案》

（IRA），它为 CCS 提供了增强的 45Q 税收抵免法案。到 2030 年，IRA 与现有政策相比能够将 CCS 项目的部署数量增加 13 倍，将远超 1.1×10^8t/a。

加拿大也将 CCS 列为重要的碳减排技术之一，2022 年一季度加拿大政府发布了《2030 年碳减排计划》，该计划发布后，加拿大政府发布了 2022 年联邦预算，通过投资税收抵免大力支持 CCUS 技术的开发与应用。2022—2030 年，直接空气捕集项目的税收抵免率为 60%，其他碳捕集项目的税收抵免率为 50%，CO_2 运输、储存和使用的税收抵免率为 37.5%。

在欧洲，丹麦政府未来 10 年计划为 CCS 投入 50 亿欧元；荷兰政府自 “SDE++” 项目启动以来已将其投入增加了一倍多，达到 130 亿欧元。在欧盟创新基金的资助计划背景下，包括波兰、保加利亚和芬兰在内的其他欧洲国家将首次进入 CCS 市场。

在亚太地区，泰国宣布了首个 CCS 项目；中国首个百万吨项目启动运营；澳大利亚维多利亚州和西澳大利亚州宣布了新项目，北领地也取得了 CCS 进展。

在中东和北非地区，CCS 持续受到国家自主贡献（NDCs）和净零承诺推动，在低碳氢气市场及各种低碳工业化计划上具有超强潜力。

我国 CCUS 正处于工业化示范阶段，为推动我国 CCUS 产业发展，近年来国家层面出台了一系列政策，见表 1–3。

表 1–3　我国 CCUS 相关政策

发布时间	发布单位	政策名称	主要内容
2021 年 2 月	国务院	《关于加快建立健全绿色低碳循环发展经济体系的指导意见》	鼓励企业“开展二氧化碳捕集、利用和封存试验示范”
2021 年 10 月	国务院	《2030 年前碳达峰行动方案》	推广先进适用技术，深挖节能降碳潜力，鼓励钢化联产，探索开展氢冶金、CO_2 捕集利用一体化等试点示范，推动低品位余热供暖发展。集中力量开展复杂大电网安全稳定运行和控制、低成本 CO_2 捕集利与封存等技术创新

续表

发布时间	发布单位	政策名称	主要内容
2021 年 10 月	中共中央、国务院	《关于完整准确全面贯彻新发展理念做好碳达峰碳中和工作的意见》	推进规模化碳捕集利用与封存技术研发、示范和产业化应用。加大对节能环保、新能源、低碳交通运输装备和组织方式、碳捕集利用与封存等项目的支持力度
2021 年 11 月	国家发展改革委	《“十四五”全国清洁生产推行方案》	石化化工行业实施绿氢炼化、CO_2 耦合制甲醇等降碳工程
2021 年 12 月	国家发展改革委	《国家标准化发展纲要》	制定重点行业和产品温室气体排放标准，完善低碳产品标准标识制度。完善可再生能源标准，研究制定生态碳汇、碳捕集利用与封存标准
2022 年 1 月	国家发展改革委、国家能源局	《关于完善能源绿色低碳转型体制机制和政策措施的意见》	加强 CO_2 捕集利用与封存技术推广示范，扩大 CO_2 驱油技术应用，探索利用油气开采形成地下空间封存 CO_2
2022 年 11 月	科技部、生态环境部、住房和城乡建设部、气象局、林草局	《“十四五”生态环境领域科技创新专项规划》	开展第二代碳捕集、CO_2 利用关键技术研发与示范，基于 CCUS 的负排放技术研发与示范、碳封存潜力评估及源汇匹配研究，海洋咸水层、陆地含油地层等封存技术示范，百万吨级大规模碳捕集与封存区域示范，以及工业行业 CCUS 全产业链集成示范，建成我国 CCUS 集群化评价应用示范平台

长期来看，CCUS 对于碳中和是不可或缺的技术，国家层面或将制定 CCUS 总体发展规划，并将 CCUS 技术作为国家重大科技专项予以支持，搭建系统的政策框架体系，有序推动 CCUS 在石油、化工、电力、钢铁、水泥等行业的应用。

2. CCUS 发展方向

CCUS 作为一项具有潜力的减排技术，受到我国政府的高度重视。《中国二氧化碳捕集利用与封存（CCUS）年度报告（2021）》中提出，碳中和目标下我国 CCUS 减排需求为：2030 年（0.2~4.08）$\times 10^8$t，2050 年（6~14.5）$\times 10^8$t，2060 年（10~18.2）$\times 10^8$t，推动 CCUS 技术的示范和应用，既是基于当前我国能源结构特点和未来减排的需要，也有利于相关产业的发展、升级和创新。

CCUS作为一项应对气候变化的技术，涉及的技术环节复杂，尽管我国已经开展了CCUS示范工程和项目实践，具备相关经验，但其发展仍面临一系列问题，比如碳捕集项目成本和能耗较高，绝大部分CO_2资源化利用产业尚未实现商业化应用，碳捕集项目与碳利用阶段的脱节问题成为制约碳捕集项目发展的主要原因。为了促进CCUS技术在我国健康有序发展，需要加快制定适合国内使用、符合CCUS发展规律的政策措施，同时加大技术研发与资金投入，加速推动我国CCUS产业化步伐，以更好支撑“双碳”目标的实现。针对我国石油石化行业在CCUS领域的发展，提出以下几点建议：

（1）完善CCUS的政策法规。为保证石油石化行业在CCUS领域各环节技术规范发展，建议制定相关的法律法规和资金扶持政策，发挥相关法律法规对推动CCUS应对气候变化工作的促进作用，保持各领域政策与行动的一致性，形成协同效应。

（2）加强工程化CCUS关键技术的突破。目前，制约CCUS项目大规模发展的主要问题是碳捕集成本高和碳利用项目少，鼓励技术研发和创新，突破大规模CCUS全流程工程相关技术瓶颈，在研发低成本、低能耗碳捕集技术的同时，加快CO_2资源化利用布局，才能加快CCUS项目落地发展、规模化推广。

（3）优化源汇匹配方案。就石油石化行业CCUS产业链而言，可以充分利用油田内部的源和汇，就地取材，在提高能源利用率的同时可降低技术成本（如运输成本），从而实现能源、经济及环境上的三赢。

第二节　二氧化碳捕集技术概述

石油化工行业是碳捕集与封存技术的主要应用领域，碳捕集与封存是我国石油行业的重要转型发展机遇。中国石油未来将通过合资合作，早日建成CCUS示范项目，助力构建“低碳、清洁、安全、高效”的能源体系；坚持油气并举、常非并重，加快天然气业务发展；打造绿色低碳能源产业增长极，努力实现2060年“净零”目标。

CO_2 捕集是工程化 CCUS 全流程技术的首个技术环节，当前主要是将电力、钢铁、水泥、能源化工、合成氨等工业生产过程中产生的 CO_2 进行分离和富集。CO_2 捕集是 CCUS 系统能耗和成本产生的主要环节，开发低能耗、运行可靠和环境友好的 CO_2 捕集技术对 CCUS 的大规模部署至关重要。

一、二氧化碳捕集技术

CO_2 捕集技术通常分为燃烧前捕集技术、燃烧后捕集技术、富氧燃烧捕集技术和化学链燃烧技术等[3]。

燃烧前捕集是指在燃料燃烧前便对其中所含的碳进行捕集，该技术主要应用于整体煤气化联合循环发电（IGCC）系统。燃烧前捕集实质上是 H_2 和 CO_2 的分离，其过程是碳基燃料首先发生气化反应，生成 CO 和 H_2 的合成气，合成气经净化后通过水煤气变换反应使混合气中的 CO 最终转化为 CO_2，并产生更多的 H_2，将 CO_2 从混合气体中捕集并分离，H_2 可以作为燃料使用。由于合成气的压力高、CO_2 浓度较高，该技术具有捕集系统小、捕集效率高、耗水少和能耗低等优点。其缺点是投资成本较高，并且该工艺对现有设备的兼容性较差，不利于对现有设备改造[4]。

燃烧后捕集是利用分离设备从燃料在空气中燃烧所排放烟气中捕集 CO_2 的过程，因其具有技术成熟、成本低、适用范围广和不需要对已有设备进行大规模改造等优点而成为关注热点，目前是工业规模上应用最广泛的碳捕集方法。燃烧后捕集技术主要包括吸附法、吸收法、膜分离法和低温分离法等。

常规电厂燃烧煤炭时一般使用空气助燃，导致烟道气中 CO_2 浓度较低，仅为 3%~15%，富氧燃烧捕集技术首先进行空气分离以产生高浓度 O_2，使化石燃料在高浓度 O_2 中燃烧，因而烟气中 CO_2 浓度较高，便于 CO_2 富集与提纯，可显著降低 CO_2 的捕集能耗。该技术目前存在的问题是投资费用比较高。

化学链燃烧技术是含碳燃料与氧载体进行反应，并不与氧气直接混合进行燃烧反应，氧载体通常为金属氧化物。化学链燃烧设备分为氧化反应器和空气反应器两部分。在氧化反应器中，载体的晶格氧与燃料进行氧化反应，同时氧载体被还原。在空气反应器中，氧载体与空气中的 O_2 反应，完成氧载体的再生[5]。该技术是一个基于零排放理念的先进技术，研究难点在于氧载体的制备、反应器的设计和运行等方面。目前，化学链燃烧技术仍处于实验室研究阶段。

二、二氧化碳分离方法

CO_2 的捕集本质上是一种气体的分离过程，根据分离原理的不同，国内外分离回收 CO_2 的方法可分为吸收法、吸附法、膜分离法和低温分离法等。

1. 吸收法

吸收法是通过液体吸收剂分离 CO_2 混合气体，溶剂吸收技术设备投入成本较低、分离效果好、运行稳定，并且技术相对成熟，被广泛应用于石油、天然气、电力等 CO_2 分离过程。吸收法根据气源条件和生产的实际需要，设计了不同的操作条件与工艺，回收的 CO_2 纯度可以在 98%以上。从吸收原理的角度，通常可将其分为物理吸收法和化学吸收法。物理吸收法利用不同操作条件下，CO_2 在有机溶剂中的溶解度差异而实现分离。物理吸收法比较适用于 CO_2 分压较高的条件[6]。常用的物理吸收法包括低温甲醇洗工艺法（Rectisol）、聚乙二醇二甲醚法（Selexol）、NHD 法等。化学吸收法是目前应用较为广泛且技术较为成熟的一种方法。它是利用化学溶剂与 CO_2 发生可逆的化学反应以达到吸收和解吸 CO_2 的目的。化学吸收法的优点在于分离程度高、吸收效率高、吸收量大，即使对于低浓度 CO_2，化学吸收法也具有很好的吸收效果。目前，化学吸收法常用的吸收剂包括碳酸钾溶液、氨水、醇胺溶液和相变吸收剂等。

2. 吸附法

吸附法是利用固体吸附剂对混合气体中 CO_2 的选择性吸附作用来进行 CO_2 捕集，然后在特定条件下使 CO_2 解吸的方法。吸附法主要分为变压吸附法（PSA）和变温吸附法（TSA），即利用吸附量随压力、温度等的变化使气体分离并回收。PSA 利用吸附剂在不同压力下对不同气体的吸附容量或吸附速率不同而实现气体分离[7]。TSA 利用在不同温度下气体组分的吸附容量或吸附速率不同而实现气体分离[8]。在传统吸附技术的基础上，近些年国内外学者又提出了新型的吸附技术，如将变温吸附与变压吸附相结合的 PTSA 技术、变电吸附技术和真空吸附技术等。

3. 膜分离法

膜分离法主要是根据膜材料对不同气体分子的溶解度和扩散速率不同，导致相对渗透率的差异，进而对某种特定气体进行分离，渗透率高的气体会快速通过薄膜，渗透率低的气体则截留在原侧[9]。膜分离法的核心就是膜的选择问题，按照分离机理的不同，膜可分为分离膜和吸收膜两类。膜分离技术的实施过程中通常需要吸收膜和分离膜共同完成。膜分离技术尚处于发展阶段，理论上具有操作流程简单、能耗低、设备尺寸小、兼容性强等优点，适合于高浓度 CO_2 的连续分离。缺点是各种分离膜成本较高及回收利用复杂。目前，膜分离法在 CO_2 捕集技术中的研究集中在膜材料的改性优化和分离过程的改进等方面，由于膜分离法结合其他捕集技术可以拓宽膜捕集技术的应用范围，因此膜分离技术具有较大的研究空间。

4. 低温分离法

低温分离法是通过低温冷凝 CO_2 将 CO_2 从混合气体中分离出来的一种方法，其优势在于分离过程无须化学试剂，无设备腐蚀风险，且 CO_2 纯度高，能以液体形式回收，便于管道输送。低温分离主要应用于烟气中 CO_2 浓度大于 90%（体积分数）的碳捕集，低温分离工艺在石油开采和天然气 CO_2 分离过程中应用较多。相比其他分离技术，低温分离法的缺点在于其处理过程是在低温高压的条件下进行，设备投资大、能耗高、成本高。未来，关于低温分离技术的研究将主要集中在通过改造设备和加强系统绝热来实现对低温 CO_2 捕集系统的改进，并设计、优化更高效的低温工艺[10]。

综上所述，化学吸收法虽然是目前最为成熟的 CO_2 燃烧后捕集技术，但是依然面临着再生能耗高、CO_2 捕集设备庞大、循环效率低等问题。其研究的重点主要集中在吸收剂的筛选、反应器的选择、反应机理的研究和操作条件的确定等方面，而吸收剂依然是化学吸收法捕集 CO_2 的核心。要想使得变压吸附法在工业上大规模应用，还需要开发价格低廉，具有高选择性和高吸附容量、强解吸能力的吸附剂。膜分离法捕集 CO_2 是一项比较新兴的技术，具有操作灵活等特点，但是膜分离法适合粗分离或初步分离。只有把膜分离法和其他捕集 CO_2 的方法结合起来才能满足工业脱除 CO_2 的需求。低温分离法虽然提取的 CO_2 纯度较高，可直接应用于食品行业，但其需要开发新的工艺来降低冷凝压缩过程中能量的损耗。如能解决这些问题，必将对 CO_2 捕集技术的发展起到巨大的推动作用。

三、二氧化碳捕集技术发展方向

1. 碳源的变化

CO_2 捕集技术由来已久，早期的应用场景是天然气脱除酸性气体，如 CO_2 和 H_2S。混合气中 CO_2 的气体分压较高，属于中浓度气源，多采用物理吸收法进行捕集。除了天然气脱碳外，炼厂气、油田伴生气及合成气等工艺气体也有脱除 CO_2 的需求，随着“双碳”政策的出台，碳源也逐渐扩展到烟气等含有低浓度 CO_2 的气体。

根据《中国二氧化碳捕集利用与封存（CCUS）年度报告（2021）》预计，到2025年，煤电CCUS减排量将达到 600×10^4t/a，2040年达到峰值，为（2~5）$\times10^8$t/a。在石油化工行业中，CO_2 排放占比较大的通常是自备电厂的燃煤烟气及催化重整装置、催化裂化装置的再生烟气。现在 CO_2 捕集的碳源逐步转变为以这类烟气为代表的低 CO_2 浓度、低压（烟气压力为 2~10kPa）的混合气，如何实现低成本、高效地对烟气中 CO_2 捕集是目前研究的重点和难点。

2. 二氧化碳捕集技术优化

从技术发展来看，尽管我国已开展了大量的技术研发，但目前捕集技术能耗和成本总体偏高。根据碳源情况，形成了多种碳捕集技术工艺路线，但这些技术还未形成规模化效应，在大规模捕集方面一些技术工程化经验不足，影响产业化推进。低能耗、低成本的 CO_2 捕集技术将是未来的发展方向。

1）开发新型吸收剂

针对不同碳源，开发适用于不同浓度 CO_2 捕集的新型碳捕集吸收剂。通过新型吸收剂（如相变吸收剂、无水吸收剂、离子液体吸收剂和 MOF 浆液吸收剂等）的开发实现再生能耗和捕集成本的降低。在膜分离、固体吸附剂等其他技术开发方面也需不断探索创新。

2）对现有的碳捕集工艺技术进行优化升级

立足现有复合醇胺溶液类吸收剂，开发降低吸收剂再生能耗和损耗的工艺技术。在现有捕集工艺技术的基础上集成热泵和绿色能源等技术，充分利用现有工厂的低温余热，最大限度地实现能量的循环利用，从而降低碳捕集的能耗和成本。

3）开发高效的换热设备

开发高效换热设备，如高效贫富胺液换热器，在减少流体阻力的情况下，尽量对贫胺液的能量进行回收用于加热富胺液。

4）开展大型化捕集设备的工程化技术研究

未来碳捕集装置规模趋向于大型化，塔器、换热器、循环泵及管阀件等设备和管材都将是超大型，以吸收塔为例，百万吨级规模的塔直径将会超出现有世界范围内最大塔的直径，因此对大型化设备的工程化技术研究势在必行。

另外，从行业发展来看，碳捕集行业间发展不平衡，缺乏跨行业协作机制，行业壁垒及源汇匹配共享、责权利分配、知识产权归属等多种挑战的存在限制了碳捕集技术的发展。在标准和规范方面，由于碳捕集示范项目少，导致相关的技术标准缺乏，不仅增加了工程设计、装备制造、设施建设的难度和成本，而且影响技术交流和经验分享，从而影响整个碳捕集技术产业化的进程。未来的碳捕集技术需要克服上述困难，打破产业发展瓶颈，才能走上快速发展道路。

参考文献

［1］Global CCS Institute. Global Status of CCS Report 2022［R/OL］.https：//cn.globalccsinstitute.com/.

［2］蔡博峰，李琦，张贤，等．中国二氧化碳捕集利用与封存（CCUS）年度报告（2021）——中国CCUS 路径研究［R］. 生态环境部环境规划院，中国科学院武汉岩土力学研究所，中国 21 世纪议程管理中心，2021.

［3］郭超．有机胺溶液捕集二氧化碳的研究［D］. 大连：大连理工大学，2015.

［4］陈亮，贺尧祖，刘勇军，等．碳捕集技术研究进展［J］. 化工技术与开发，2016（4）：42-44.

［5］刘飞，关键，祁志福，等．燃煤电厂碳捕集、利用与封存技术路线选择［J］. 华中科技大学学报（自然科学版），2022，50（7）：1-13.

［6］宗杰，马庆兰，陈光进，等．二氧化碳分离捕集研究进展［J］. 现代化工，2016，36（11）：56-60.

［7］陈璐菡，徐金球，孙志国．CO_2 捕集技术的研究进展［J］. 上海第二工业大学学报，2020，37（1）：8-16.

［8］LI G，XIAO P，XU D，et al. Dual mode roll-up effect in multicomponent non-isothermal adsorption processes with multilayered bed packing［J］. Chemical Engineering Science，2011，66（9）：1825-1834.

［9］LEE S，BINNS M，LEE J，et al. Membrane separation process for CO_2 capture from mixed gases using TR and XTR hollow fiber membranes：Process modeling and experiments［J］. Journal of Membrane Science，2017，541：224-234.

［10］温翯，韩伟，车春霞，等．燃烧后二氧化碳捕集技术与应用进展［J］. 精细化工，2022，39（8）：1584-1595，1632.

第二章　二氧化碳捕集技术发展历史及现状

自20世纪70年代以来，CO_2捕集技术从最早用于处理天然气加工项目开始，在世界范围内经过了几个阶段的发展，从早期探索性阶段逐步进入当今的工程示范和产业化发展阶段。CO_2捕集技术逐渐发展为燃烧前捕集、富氧燃烧捕集和燃烧后捕集三种技术路线，燃烧后捕集技术路线已发展成为主要的工业化应用技术路线，而在燃烧后的捕集技术路线中，化学吸收法是比较成熟且应用较广的CO_2捕集技术。

第一节　二氧化碳捕集技术发展历史

CO_2捕集技术的发展与应用历史大致经过了三个主要阶段，即早期阶段、发展阶段、工程示范和产业化发展阶段。

一、早期阶段（20世纪70年代至80年代末）

1972年，美国的得克萨斯州特雷尔天然气加工厂项目（Terrell Natural Gas Processing Plant）[1-2]是全球第一个CO_2捕集项目，产能为40×10^4t/a，采用一种溶剂作为吸收剂的物理吸收法，用于从高压天然气中分离CO_2，以便将碳氢化合物气体继续输送到市场。

1978年，美国加利福尼亚州特罗纳工厂项目（Trona Plant）[1-2]采用化学溶剂法捕集燃烧后烟气中的CO_2，是世界上第一个从常压原料气中捕集CO_2的项目。该项目产能为600t/d，使用其原始设备成功运行了20年。

道化学公司和联合碳化物公司在20世纪70年代和80年代开发了胺吸收工艺（GAS/SPEC FT-1™）[3]，用于烟气中回收CO_2，并建成了规模最大为1000t/d

的 CO_2 回收装置，吸收剂为添加了降解抑制剂的 30%（质量分数）的单乙醇胺（MEA）。1986 年，Flour Daniel 公司于 1989 年购买了该技术，并将其重新命名为 Econamine FG^{SM} 工艺。

二、发展阶段（20 世纪 80 年代末至 2005 年）

1991 年，美国马萨诸塞州 CO_2 捕集项目，利用吸收法从天然气发电厂烟道气中捕集 CO_2，多年来一直生产食品级 CO_2。

1996 年，挪威 Sleipner 项目 [4] 是世界上第一个海上 CO_2 封存项目，使用胺吸收法捕集从 Sleipner West 气田生产的天然气中的 CO_2。该项目每年压缩和注入约 100×10^4t 的 CO_2 到近海盐层中。

2000 年，美国道化学公司开发了一种 CO_2 吸收溶剂 Gas/Spec CS-2000，该溶剂能够将天然气中的 CO_2 含量由百分之几降到百万分之几，同时也可用于燃煤电厂、合成氨厂等 CO_2 的捕集。

2000 年，美国北达科他州大平原合成燃料厂（Great Plains Synfuels Plant）的 CO_2 捕集项目采用了变压吸附工艺，从合成气中捕获 CO_2，将分离后的 CO_2 压缩液化并注入，用来提高石油采收率，最终被封存在深层盐水含水层中。

KM-CDR 工艺 [5] 是由三菱重工和关西电力联合开发的用于天然气发电厂烟道气脱碳工艺，该工艺同样适用于燃煤电厂烟道气脱硫后的 CO_2 捕集。该工艺在常压下运行，吸收剂是其专利溶剂 KS-1^{TM}。该溶剂在不添加抑制剂时仍具有异常低的腐蚀性，溶剂的低腐蚀性允许装置使用碳钢。这种溶剂还具有比其他胺更好的抗降解性。由于采用专利设备，该工艺的胺损失也较少。截至 2022 年 12 月，该工艺已在 14 座 CO_2 捕集工厂运行。

三、工程示范和产业化发展阶段（2006 年至今）

2006 年，阿尔斯通（Alstom）公司获得了美国 EIG 公司氨法工艺专利 [6] 的许可权，并开发了一种称为冷氨法（CAP）的 CO_2 捕集工艺。美国威斯康星州的 We Energies 电厂在 2008 年最早试验和验证冷氨法，该项目的 CO_2 捕集能力为 1.6t/h。该套装置吸收和解吸能耗为 1.5GJ/t CO_2，比 MEA 的吸收和再生能耗 3~5GJ/t CO_2 明显降低。

2010 年，HICAP+™ 工艺由 IFP 公司和 PROSERNA 公司联合开发，由 PROSERNA 公司许可，最终实现工业化。使用含有降解抑制剂的 40%（质量分数）的 MEA 水溶液取代 30% 的溶液，氧化降解控制在可忽略不计的水平。该工艺面临的挑战包括腐蚀、降解和流体力学，关键在于高性能的氧化降解抑制剂，使得该工艺可以使用 40% 的 MEA 水溶液，从而避免了由于溶剂降解带来的再生单元的设计困难，也避免了在处理烟道气时产生的高浓度降解产物（如氨）的排放问题。该工艺的成本和操作费用能够降低约 15%。

2013 年，美国得克萨斯州蒸汽甲烷重整器项目，空气产品公司（Air Products）建立了世界上第一个蒸汽甲烷重整器制氢设施，该设施使用真空变压吸附工艺分离 CO_2，随后将其用于附近的黑斯廷斯油田来提高石油采收率（Enhanced Oil Recovery，EOR）。

2014 年，加拿大边界大坝项目（Boundary Dam）[2] 是全球首个发电厂 CO_2 捕集项目，捕集能力为 100×10^4t/a，使用胺吸收燃煤电厂烟气中的 CO_2。分离的 CO_2 被压缩、运输并注入 Weyburn 油田用于提高石油采收率。

2015 年，加拿大 Quest CCS 项目通过将氢气混合到原油中来升级油砂生产。氢气在现场产生，专有的胺溶剂用于分离 CO_2，随后注入储存。

2016 年，美国休斯敦 Petra Nova 项目是 NRG 能源公司和 JX Nippon 石油天然气勘探公司合作建立的，使用胺吸收法捕集燃煤锅炉烟气排放中的 CO_2。分离的 CO_2 被压缩、运输并注入附近的 West Ranch 油田，用于提高石油采收率。

我国 CO_2 捕集技术起步较晚，在 2007 年发布了《中国应对气候变化国家方案》，成为世界上第一个从国家层面发布的应对全球气候变化的发展中国家。同年，中国石油启动“吉林油田含 CO_2 天然气藏开发和资源综合利用与封存研究”项目，主要是研发 CO_2 驱油与封存技术。

2008年6月，由华能集团自主设计并建设的我国第一套燃煤电厂烟气CO_2捕集装置[7]在华能北京热电厂投入运行，每年捕集3000t CO_2。装置投运以来，CO_2回收率大于85%，纯度达到99.99%，各项指标均达到设计值。装置运行可靠度和能耗指标也都处于国际先进水平。项目捕集并用于精制生产的食品级CO_2可实现再利用，以供应北京碳酸饮料市场。

2009年，上海石洞口第二电厂建成了12×10^4t级CO_2捕集项目[8]。该项目采用了燃烧后捕集技术，应用在食品行业。该项目标志着CO_2捕集已经从示范走向了规模化生产，不仅是全球火电行业目前最大的CO_2捕集装置，同时也开创了我国燃煤电站对CO_2规模化捕集和生产的先河。

2010年，中国石化胜利燃煤电厂碳捕集示范工程[7]年产能为4×10^4t，是国内外首个燃煤电厂烟气CCUS全流程示范工程。其中，CO_2纯度大于99.5%。

2021年，国家能源集团国华锦界电厂新建15×10^4t/a燃烧后CO_2捕集和封存全流程示范工程[4]，是目前国内建成的规模最大的燃煤电厂燃烧后CO_2捕集示范项目。

近年来国家不断加强对碳减排方面项目的支持，如国家“十一五”“863计划”项目“二氧化碳的吸收法捕集技术”、中澳国际合作项目“先进能源系统中CO_2捕获技术研究”、中欧碳捕集与封存合作项目（COACH）、中英煤炭利用近零排放项目（NZEC）和华能集团公司科技项目“燃煤电厂CO_2捕集试验和运行规律研究”等[9]。

第二节　二氧化碳捕集技术国外发展现状

目前，CO_2捕集技术主要有燃烧前捕集、燃烧后捕集和富氧燃烧捕集三种技术路线。其中，燃烧后捕集因其再生能耗低、易于在现有工厂基础上直接改造等特点，已经成为工业上应用最广泛、最成熟和最常用的技术路线。燃烧后捕集是在燃烧排放的烟气中进行CO_2的捕集、净化和压缩，其常见方法包括吸收分离法、吸附分离法、膜分离法和低温分离法等。吸收分离法和吸附分离法是全球范围内工业应用最为广泛的方法，在高效、可操作性、经济性等方面都有显著的优势。吸收剂或吸附剂的优化和工艺技术路线的改良创新是提高这两项技术水平的关键。鉴于后文会对 CO_2 捕集技术进行介绍，本节将不再赘述技术细节，而是着重于国外技术发展现状总结。

一、燃烧前捕集技术和富氧燃烧捕集技术

燃烧前捕集是指以经空分系统制得的氧气和水蒸气作气化剂，气化剂和化石燃料等碳基燃料送至气化炉参与反应，气化后产生以 H_2 和 CO 为主要成分的合成气，净化后的合成气转化为水煤气，将合成气中的 CO 转化成 CO_2，燃料的大部分化学能储存在 H_2 中。其使用碳捕集技术将 15%~60%（体积分数）CO_2 从混合气体中分离，得到的高纯 H_2 进入氢燃气轮机燃烧室（或其他发电装置）进行燃烧，此时燃烧产生的气体中基本不含 CO_2。这种燃烧前捕集方式产生的混合气体 CO_2 浓度相对较高，易于封存处理，且能量损失相对较低。目前，燃烧前捕集已被拟建或规划中的 IGCC 电厂以及多联产示范电厂采用。世界上第一个带有 CO_2 捕集的 IGCC 项目是美国的肯珀县－密西西比电力公司，将部分 CO 通过变换反应生成 CO_2，使用 Selexol™ 技术捕集总排放量 65% 的 CO_2 用于附近油田的驱油[10]。该项目于 2015 年 3 月第一次按计划点火[11]。

富氧燃烧捕集是通过空气分离产生的高浓度氧气，然后在纯氧锅炉中燃烧燃料和氧气的过程。这项技术的整个核心是制氧过程，而且制氧的成本很高。使用纯度为 95%~99% 的氧气替代传统使用的空气与化石燃料，与燃烧后返回的部分高浓度 CO_2 一起，在燃烧室参与燃烧反应，生成以水汽和 CO_2 为主的烟气。该工艺目前主要限于实验室和中试研究，且基本上所有的在运行的设施和示范项目的规模都小于 100MW。国际上，始于 2008 年的德国 30 MW Vattenfall 富氧燃烧电厂是世界上第一个该类试验项目。此外，在澳大利亚、英国、西班牙等国都分布着富氧燃烧碳捕集的示范性项目[12]。富氧燃烧碳捕集示范性项目见表 2-1。

表 2-1　富氧燃烧碳捕集示范性项目

项目名称	企业	国家	开始年份
Schwarze Pumpe	Vattenfall	德国	2008
OxyCoal-UK	Doosan Babcock	英国	2009
Gallide-A	CS Energy, IHI etc.	澳大利亚	2011
GIUDEN	ENDESA，GUIDEN and Foster Wheeler	西班牙	2011
Compostilla（OXY-CFB-300）二期	ENDESA，GUIDEN and Foster Wheeler	西班牙	2015
Youngdong	KEPCO	韩国	2016—2018

二、燃烧后捕集技术

1. 吸收法

吸收法是指通过液体吸收剂分离混合气体，该方法已被广泛应用于石油、天然气、电力等 CO_2 分离的化学工业中。根据吸收原理的不同，吸收法主要包括物理吸收法和化学吸收法。

物理吸收法是指通过物理溶解的方式吸收 CO_2，具有能耗低、溶剂损耗率低、容易分离等优点，但其溶剂容易受到硫氧化物和氮氧化物的影响，目前市场上可供选择的溶剂种类相对少，应用范围也有限。其中，聚乙二醇二甲醚法（Selexol™ 工艺、NHD 工艺）最具代表性。Selexol™ 工艺由 Allied 化学公司（现由 Honeywell UOP 所有）研发，自 20 世纪 60 年代投入工业试验以来，该工艺一直用于脱除天然气中的 H_2S 和 CO_2。由于其操作温度为 5~40℃，该工艺具有显著减少能耗的优势[13]。此工艺引进国内并进行了优化，在第四章会展开介绍。

燃烧后捕集流程中最成熟、广泛运用的是化学吸收法中的液胺吸收法，此法是全球范围内唯一实现大规模商业化应用的碳捕集技术。其反应机制是酸性气体与碱性吸收剂发生可逆的化学反应，形成可分解并释放 CO_2 的碳酸盐、碳酸氢盐或氨基甲酸盐等不稳定盐类，达到碳捕集和回收利用的目的。液胺吸收法因其良好的反应性能和较高的吸收能力，已经在世界范围内多个大型工业设施中成功应用。但该方法设备腐蚀率高，能耗高，吸收器体积较大，热稳定性差，烟气中的二氧化硫、氮氧化物、硫化氢等杂质导致溶剂降解，溶剂排放会破坏环境。

胺吸收剂主要分为直链有机胺和环状有机胺，直链有机胺又分为伯胺、仲胺和叔胺，每一类胺都有不同的特征。一般伯胺和仲胺的反应速率较快，与 CO_2 反应生成氨基甲酸盐；但其反应热较高，需要较高的再生能量。其中，单乙醇胺（MEA）作为最常见的胺吸收剂之一，通常作为基准化学吸收剂，用于评估和比较不同的碳捕集技术性能。叔胺的吸收能力较强，吸收热较低，与 CO_2 反应生成再生能耗更低的碳酸氢盐，但其反应速率较慢，通常需要与其他胺混合作为吸收剂，提高吸收性能。

目前，其技术发展相对完善，应用相对广泛的吸收剂为有机胺。最有代表性的是传统胺类吸收工艺（CAAP）。其使用单乙醇胺（MEA）作为溶剂，用于烟气（CO_2 分压 10 ~15kPa）碳捕集，在 40~45℃ 吸收，115~120℃ 解吸。MEA 水溶液（质量分数 20%~30%）的优势在于反应速率较快和反应完全，CO_2 的捕集率可以达到 90% 以上。另外，MEA 成本相对低廉且可生物降解。但是其缺点也很显著，除了氧化和热降解性能一般且有中等毒性外，在 CO_2 浓度较高的情况下，MEA 具有腐蚀性。从捕集成本上看，MEA 的 CAAP 再生耗能高，并且吸收剂氧化降解、设备腐蚀，生产成本较高。因此，国内外大量的研究正在致力于寻找更环保、高效、节能的新型吸收工艺。

作为最成熟的碳捕集工艺，液胺吸收法在全球范围内已实现商业化应用。目前，主要的商用胺吸收工艺有美国 Kerr-McGee 公司和 ABB-LummusCrest 公司的 KMALC 工艺、美国 Fluor 公司的 EFG+ 工艺、法国石油研究院的 DXM™ 工艺、日本三菱重工的 KM-CDR™ 工艺和荷兰皇家壳牌集团的 Cansolv® 工艺等。国外已经有一批采用化学吸收法的示范项目（表 2-2）较早投入运营，产业整体发展也较快，这里挑选几个比较有代表性的进行介绍。

表 2-2 国外典型吸收法试验装置[5]

试点工厂	地点	溶剂或工艺	处理能力 /（t CO_2/d）	运行年份
边界大坝电站	加拿大	MEA（Cansolv）	4	2014
Petra Nova	美国	KS-1	5.6	2016
Targon 发电厂	澳大利亚	MEA	2	2008
LoyYang 发电厂	澳大利亚	MEA	1	2008
Aberthaw 煤电站	英国	Cansolv	50	2013
三菱广岛研发中心	日本	KS-1	1	2004
松岛热电厂	日本	KS-1	10	2006
Wilhelmshaven 电站	德国	EFG+	70	2012

KM-CDR™ 工艺：三菱重工和关西电力基于 CAAP 技术联合开发了 KM-CDR™ 工艺。该工艺适用于天然气发电厂烟道气脱碳和已经脱硫的燃煤电厂的烟道气处理。该工艺在常压下运行，使用低能耗、高抗降解性、溶剂损失小和低腐蚀性的 KS-1™ 专利溶剂。KS-1™ 是一种抑制降解的胺，在不添加抑制剂时仍具有异常低腐蚀性，使其装置材料可以使用碳钢。KM-CDR™ 工艺蒸汽使用量（0.98~1.48t/t CO_2）远低于 CAAP 工艺。KM-CDR™ 技术的系列胺溶剂，再生能耗约为 3.0GJ/t CO_2。试验证明，KS-1™ 溶剂相比 MEA 技术可降低 20% 以上的能耗，最大吸收能力为 500t/d[14]。KM-CDR™ 工艺能从烟气流中捕集 90% 以上的 CO_2，产生纯度高达 99.9% 的 CO_2。截至 2022 年 12 月，三菱重工已有 14 座 CO_2 捕集工厂实现了商业化，生产化肥和甲醇。KM-CDR™ 工艺在天然气发电厂工业化的规模为 500t CO_2/d，捕集率超过 90%。应用在燃煤电站处理烟道气装置规模为 10t CO_2/d。另外，三菱重工还设计了一座处理规模为 3000t/d 的单个火车式装置。

Cansolv® 工艺：由 Cansolv 科技公司（CTI）开发的 Cansolv CO_2 捕集专利技术是一个能使用再生的胺捕集 CO_2 和 SO_2 的柔性系统。该工艺除了适用于电厂烟道气之外，还适用于广泛的工业领域。该系统已经在世界上第一个商业规模 CCUS 项目——加拿大边界大坝项目投入使用。其 CO_2 捕集率约为 90%，CO_2 平均纯度大于 99.0%，且再生能耗相对较低，具有较大的节能优势[15]。Cansolv® 工艺采用的是由 50%（质量分数）的胺和 50%（质量分数）的水组成的 DC-103 溶剂。利用该工艺捕集 CO_2 和 SO_2，生产出的气体纯度非常高，甚至无须进一步处理，CO_2 可以直接被干燥、压缩、运输和储存，SO_2 可以转化为硫酸，并且该过程中产生的热可以部分抵消捕集 CO_2 所需要的能量。

DXM™ 工艺：法国石油研究院研发的 DXM™ 工艺为以两种溶剂的混合物为溶剂的新吸收工艺，这两种溶剂在给定的温度和 CO_2 载荷下不能互溶（分层溶剂）。通常来讲，相变吸收剂初始是均相（单相）溶剂，在流程中随着温度或 CO_2 吸收量的改变，会变成非均相（两相）溶液。贫 CO_2 相为液相，富 CO_2 相为液相或固相。将两相分离后，贫 CO_2 相继续吸收 CO_2，富 CO_2 相进行解吸。因为仅富 CO_2 相需要再生，其能耗与操作成本得到了极大的降低。作为一种两相吸收剂，其再生能耗降低了较多[16-17]。此外，根据多项研究的数据，在优化的热集成条件下，再沸器热负荷可以进一步降低，相较常规 MEA 吸收剂［30%（质量分数）MEA 水溶液］的 3.7GJ/t CO_2 下降了 45%[18-20]。

另外，热钾碱法工艺也有着较长的商用历史。最广泛的商用热钾碱法由 UOP 公司授权，其工艺被命名为 UOP Benfield。经过多年的发展，全球范围内至今已有超过 700 个应用 UOP Benfield 的装置在运行。自 19 世纪 70 年代早期开始，Eickmeyer and Associates，Inc. 一直在设计和运用 CATACARB 系统来降低热钾碱工艺的再生能耗，该系统已经在全球超过 30 个国家的 150 余个装置中应用[21]。

此外，还有几个正处于研发或即将投入应用的前沿工艺，如采用专利的氨基酸盐水溶液的西门子捕集工艺，采用专利溶剂 H3-1™ 的 Hitachi 技术，采用闪蒸 CO_2 富胺溶剂的 Praxair 技术，两步闪蒸工艺，欧盟的 CESAR 工程工艺，采用新的水溶性混合胺 TS-2 的 Toshiba 工艺等。

2. 吸附法

溶剂吸收技术的缺点促使了吸附分离捕集技术的研发。吸附分离法的技术基础是通过混合气体与固体吸附剂相互作用来吸附 CO_2，再通过降低压力或升高温度的方式对吸附的 CO_2 进行解吸，这个过程分别称为变压吸附或变温吸附，两种方法也可以结合使用。具体的吸附技术有变压吸附（PSA）、变温吸附（TSA）、真空吸附（VSA）和加压真空变压吸附（PVSA）等。在工业生产实际应用中，温度的调节速度相对压力的调节较慢，变温吸附法的效率相对低，因此变压吸附在工业生产的气体分离中的应用更为普遍。

另外，根据吸附原理的不同，吸附法又可分为物理吸附法和化学吸附法。物理吸附法主要依靠物质之间的范德华力对 CO_2 进行选择性的吸附，即气体通过范德华力作用吸附在吸附剂上，然后再通过降低压力或者升高温度的方式将吸附的 CO_2 释放出来，从而能实现 CO_2 的分离和捕集。物理吸附法具有吸附热小、吸附速率快的优点，但是其选择性低，并且受温度、压力等反应条件的影响较大。化学吸附法是通过吸附剂表面的化学基团与气体发生化学反应，从而使 CO_2 吸附在吸附剂表面，虽然选择性较高，但其过程中的吸附热较大，吸附速率慢。

相较于吸收法，吸附法具有操作工艺更简单、再生能耗较低、应用场景更广泛等优点。相较于传统氨基捕集工艺，使用固体可再生吸附剂从烟气中捕集 CO_2 的工艺技术同样具有显著优势，如可再生能耗低、吸附容量大、选择度高、易于处理等。然而，吸附分离技术的 CO_2 捕集性能有待提高，除了在工业烟气的实际应用上需要提高循环稳定性之外，也需要在经济、环保的前提下通过对吸附剂材料的结构和表面进行改性，以提高捕集性能和选择性。

对比广泛应用的化学吸收法，固体吸附分离技术作为一种低能耗、环境友好的碳捕集技术有着巨大的潜力和广泛应用前景。新型高效复合吸附剂的开发是实现固体吸附分离技术工业应用的当务之急。放眼全球，固体吸附分离技术的放大应用基本仍处于中试研究阶段。由路易斯安那州立大学、美国三角研究所和切奇杜威公司组成的研究机构，在美国能源部的资助下，于 2000 年开始进行了为期 7 年的碱金属基吸附剂的中试研究。亚洲范围内，韩国研究安装了小型连续变温吸附碳捕集装置，从 2003 年起经过十余年的发展，几次放大规模，搭建了应用钾基吸附剂的变温吸附中试装置，累计运行 3400h，最终达到了 80% 以上的 CO_2 捕集率和 95% 的 CO_2 纯度。

3. 膜分离法

膜分离法作为已经被广泛应用于各种工业上的分离技术，具有环境友好、安装操作简单、设备投资少、占地面积小、能耗低、分离纯度高等优点，在 CO_2 捕集领域同样具有巨大的发展潜力。膜分离技术利用尺寸排阻或化学亲和力原理进行分离。在处理烟道气的应用中，首先将含有氮气、氧气、氮氧化物等的混合气体输送到含有薄膜材料的通道中，只有 CO_2 可以通过薄膜，而其他成分会被薄膜阻拦。该捕集方法稳定性强，操作简单，对于浓度较高的 CO_2 混合气体，采用膜工艺所需的能耗和维护费用也要低于吸收工艺。但是薄膜材料成本相对较高，吸收效率也相对较低，进行低成本高性能的新型薄膜材料的研发是进一步提升膜分离法应用的重中之重。

目前，膜材料有聚合物膜、无机膜和混合基质膜。现阶段国外几种比较先进的膜材料见表 2-3。FSC 膜是聚乙烯胺固定位置载体膜，由挪威科技大学（NTNU）开发。该膜已于 2011 年被欧盟 NanoGlOWA 项目用于燃烧后发电厂烟气 CO_2 的捕集，展示出了稳定的性能。复合聚合物 PolyActive® 膜由德国亥姆霍兹联合会（HZG）研发，该膜已经通过了小型的中试测试——应用面积为 12.5m^2 的模块对烟气中的 CO_2 进行捕集，连续稳定运行 740h，展现出良好的分离性能和稳定性能。Polaris® 膜是由美国迈特尔膜技术有限公司（MTR）开发的高渗透性超薄膜，该膜已在 1MW 的燃煤电厂通过中试验证，表现良好，在连续平稳运行 1500h 的情况下，燃煤电厂烟气中 CO_2 的捕集效率可达 20t/d。

表 2-3　代表性碳捕集膜的性能对比 [22]

膜材料	国家	机构	温度 /℃	CO_2 渗透率 /GPU	CO_2/N_2 选择性
FSC 膜	挪威	NTNU	45	74~230	80~300
PolyActive®	德国	HZG	20	1062	43
Polaris®	美国	MTR	30	1000	50

综上所述，在全球范围内，迄今为止实现大规模应用和技术发展较为成熟的捕集方法主要集中在燃烧后捕集。除了以无机碱和有机胺为吸收剂的 CO_2 吸收捕集工艺实现了工业化以外，其他工艺虽然表现出了很好的应用潜力和前景，但都尚未实现产业化。在工业应用方面，燃烧后捕集，尤其是化学吸收法的应用上，以欧美和日本为代表的国家有着起步早、资源充足等相对优势，在新型溶剂和工艺的研发上势头迅猛。固体吸附和膜分离技术在经济、环境、可操作性等方面有一定的优势，纵使技术上仍旧存在瓶颈，但长期来看，有着广阔的前景。

第三节　二氧化碳捕集技术国内发展现状

气候变化是人类面临的最严峻挑战之一，工业革命以来，人类活动燃烧化石能源、工业过程以及农林和土地利用变化排放的大量 CO_2 滞留在大气中，是造成气候变化的主要原因。CO_2 过度排放所导致的全球变暖已成为全球关注的焦点，我国作为全球第二大经济体和最大的发展中国家，2020 年 9 月 22 日国家主席习近平在第七十五届联合国大会上提出“中国将采取更加有力的政策和措施，二氧化碳排放力争于 2030 年前达到峰值，努力争取 2060 年前实现碳中和”。在“双碳”目标政策指引下，CO_2 捕集技术迎来了快速发展的窗口期，目前国内常用的 CO_2 捕集技术主要有燃烧前捕集、燃烧后捕集和富氧燃烧捕集，其中以燃烧后捕集方式应用最广、技术最为成熟。

一、燃烧前捕集技术

燃烧前捕集技术大多应用在电力行业，燃烧前 CO_2 捕集技术以其系统小、能耗低、捕集效率高和对污染物控制有很大潜力的优点受到广泛关注，此项技术被期望与 IGCC 电厂整合，从而实现高效和低碳的绿色能源转换[23-26]。IGCC 是最典型的可以进行燃烧前脱碳的系统，2012 年由我国自主研发、设计、制造、建设和运营的第一座大型煤基 IGCC 电站——华能天津 IGCC 示范电站投产运行，2015 年基于 IGCC 的（6~10）$\times 10^4$t CO_2 捕集系统装置也已经建成。这一示范项目是我国容量最大的燃烧前 CO_2 捕集系统，能够进行不同负荷与各种运行条件下的试验，为探索低能耗、高捕集率的 CO_2 捕集、利用与封存技术积累经验。通常 IGCC 系统中的气化炉均采用富氧或纯氧加压气化技术，使所需分离气体的体积大幅度减小，CO_2 浓度显著增大，该技术大大降低了分离过程的能耗和设备投资，成为未来电力行业捕集 CO_2 的优选方式，但是由于该技术工艺复杂、投资成本高、与现有工艺兼容性差，不适用于对现有工艺设备的改造，导致其发展较为缓慢，目前全球正在运行的 IGCC 电站装机容量较小（一般约为 8000MW），因此这项技术目前主要应用于新建电站。典型的基于 IGCC 的燃烧前 CO_2 捕集系统工艺流程如图 2-1 所示 。

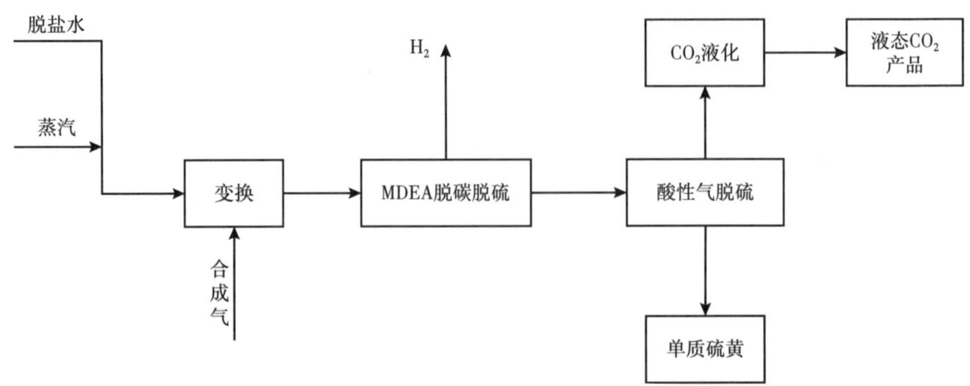

图 2-1　基于 IGCC 的燃烧前 CO_2 捕集系统工艺流程图

二、富氧燃烧捕集技术

富氧燃烧捕集技术通常采用高纯度氧［一般浓度大于 95%（体积分数）］和部分循环烟气的混合气体代替空气作为燃料燃烧时的氧化剂，从而提高烟气中的 CO_2 浓度，降低 CO_2 能耗。由于烟气循环需要消耗能源，有研究人员[27]提出采用循环流化床，通过床内物质的循环控制燃烧温度，从而降低烟气循环量，节约能源，提高富氧燃烧的效率，减少锅炉体积，因此富氧燃烧捕集技术具有降低设备造价的优势。富氧燃烧捕集技术能够显著降低水泥窑系统煤粉消耗，对于水泥工业减少 CO_2 排放具有重要意义。此外，富氧燃烧捕集技术在燃煤电厂也有应用。2014 年，华中科技大学 35MW 富氧燃烧工业示范项目建成投产（图 2-2），此项目完成了空气燃烧、富氧燃烧干循环和富氧燃烧湿循环等工况的调试和性能考核试验；在空气燃烧、富氧燃烧干循环和富氧燃烧湿循环工况下，锅炉效率均能达到 89% 以上；富氧燃烧干 / 湿循环下干烟气 CO_2 浓度可分别稳定在 72%~80%（体积分数）以上；2018 年以来，在 35MW 富氧燃烧示范系统上实现了富氧分级与低氮燃烧，获得了富氧分级燃烧系统的燃烧与污染物排放特性，完成了 35MW 富氧燃烧自动控制方案设计与优化。但是，由于富氧燃烧的绝热燃烧温度高达 3500℃，大多数材料无法承受这样的高温，并且富氧燃烧捕集技术制氧成本高，因此富氧燃烧捕集技术的发展也受到了一定限制，目前富氧燃烧捕集技术大多处于工业示范阶段，还没有大规模商业化应用。

图 2-2　华中科技大学 35MW 富氧燃烧工业示范装置

三、燃烧后捕集技术

燃烧后捕集技术是一种成熟的技术，它具有适用范围广、系统原理简单的优势。燃烧后捕集技术主要包括吸收法、吸附法、膜分离法和其他捕集方法等。

1. 吸收法

吸收法通过液体吸收剂分离混合气体，被广泛应用于石油、天然气、电力等 CO_2 分离的化学工业中。从吸收原理的角度，可以将吸收法分为化学吸收法和物理吸收法。

1）化学吸收法

化学吸收法常用的方法包括醇胺法、相变溶剂法、氨水法、热钾碱溶液法和离子液体法等。

（1）醇胺法[28-29]。

早在 20 世纪 70 年代，醇胺法就被应用于烟气中 CO_2 的捕集，胺液技术已普遍由第一代胺液吸收体系逐渐发展至第二代胺液吸收体系。第一代胺液吸收体系以单乙醇胺（MEA）或二乙醇胺（DEA）为主，由于再生能耗高，溶剂再生时需消耗大量低温蒸汽，导致电厂发电效率下降。相比于第一代胺液吸收体系，第二代胺液吸收体系能耗更低、效率更高、挥发性更低、抗氧化性能更强。混合胺、氨基两相、非水胺或少水胺、离子液体逐渐成为第二代胺液吸收体系的代表。我国第一代碳捕集技术研究已经从概念研究阶段进入工业示范水平阶段，部分技术已经具备商业化应用能力；第二代碳捕集技术处于实验室研发或小试阶段。2008 年，中国华能集团有限公司（以下简称华能集团）在高碑店热电厂建成并运行了一套 3000~5000t/a 的烟气 CO_2 捕集示范装置；2010 年，西安热工研究院有限公司在上海石洞口电厂建成并投运了 12×10^4t/a 的超临界燃煤机组烟气 CO_2 捕集示范装置[30]，实现了大规模碳捕集示范工程关键技术的研发、工艺设计、关键设备和控制系统的自主研制，在国际上产生了积极广泛的影响。此外，清华大学、华中科技大学、哈尔滨工业大学和国家电站燃烧中心等高校和科研院所也对 CO_2 捕集进行了深入的研究。其中，清华大学搭建了 100~150t/a 的醇胺法模拟 CO_2 捕集试验平台。2014 年，华能集团设计、建造和运行了我国第一套燃气烟气 1000t/a CO_2 捕集中试系统。尽管部分示范装置已经建成，然而，当前醇胺法最大的不足之处就是费用过高，其原因主要是解吸 CO_2 的能耗约占捕集总能耗的 60%，导致解吸成本占整个 CCUS 成本的 60% 以上，使传统醇胺法捕集工艺的大规模推广受到限制。因此，基于有机胺、氨等新型溶剂吸收 CO_2 是一种有发展前景的吸收方法，且更加环保，经济效益更高。利用 AEEA 复合胺类溶剂吸收 CO_2，胺液解吸温度低，不氧化降解，从而使循环能耗更低，损耗更少。

（2）相变吸收法[24-25]。

研发不同于传统醇胺法的新型溶剂，如相变溶剂，也是非常有发展前景的一种 CO_2 捕集技术。越来越多的研究表明，混合溶剂可以利用不同溶剂具有的物理化学特点，提高溶剂的吸收性能。氨基两相溶剂技术是一种新型低能耗碳捕集技术，相变吸收剂在吸收 CO_2 前是均相溶剂，随着温度或 CO_2 吸收量的变化，会变成非均相溶液，通过分相器将两相分离后，CO_2 贫液相直接循环到吸收塔继续吸收 CO_2，CO_2 富液相进入解吸塔再生（图 2-3）。由于只需要再生 CO_2 富液相，再生能耗与成本将大幅降低。

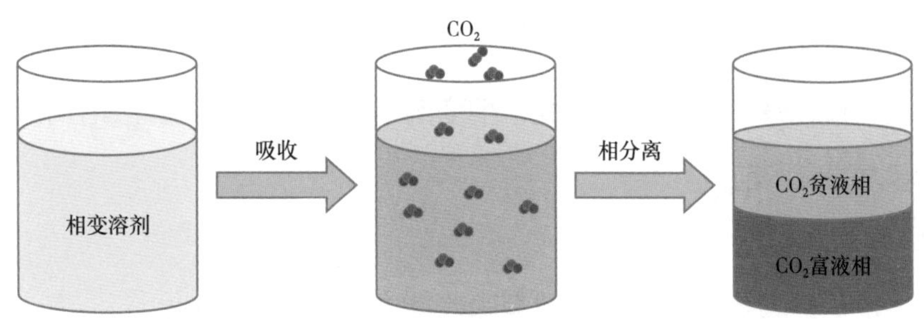

图 2-3　相变溶剂法吸收 CO_2 示意图[31]

北京化工大学张卫东教授团队提出了基于盐析效应开发相变吸收剂的研发思路[31]，同时考虑到 MEA 在 CO_2 吸收方面的优良性能设计了“MEA+ 有机溶剂＋水”的三元体系吸收剂。在 MEA 吸收 CO_2 的过程中不断产生氨基酸盐，通过改变有机溶剂配比使体系在盐析效应下分相。采用叔丁醇为有机溶剂，验证了盐析效应在指导相变吸收剂开发方面的可行性。当 MEA 质量分数为 30%、叔丁醇质量分数为 20%~60% 时，吸收剂在吸收 CO_2 后形成液液两相，但是随着叔丁醇质量分数增至 50%，CO_2 在吸收剂中的溶解度降幅增大，同时吸收剂的黏度增大，导致再生能耗增加。相比于 30%（质量分数）的 MEA 水溶液，相变吸收剂表现出更好的吸收和解吸性能，但目前此类相变吸收剂种类及相关数据较少，还需进一步完善机理模型。

中国矿业大学陆诗建教授团队先后开发了两类相变吸收体系[31]：第一类为吸收后相变分层体系，亲脂性胺与 CO_2 反应后由一相转变为两相，再生后又由两相转变为一相。与常规工艺相比，反应后的两相只有下层富含 CO_2 的浓相进行再生，所以进入再生塔解吸的液体量减少，从而可降低再生总能耗；第二类为新型再生后分层相变吸收体系，此体系是吸收时由两相转变为均相，再生时有机胺在溶液上方汇集，从而增强再生反应速率，进一步实现有机相和水相的分离。通过再生过程中的相变，可降低再生能耗，提高再生速率，而且不需要额外添加萃取剂。

目前，我国相变吸收捕集技术主要停留在实验室小试和中试阶段，还未得到大规模产业化应用，该技术通过减少再生溶剂的量来降低水蒸气消耗量和再生能耗，具有较好的经济性。因此，相变溶剂法在替代传统醇胺溶剂方面展现出更有潜力的应用前景。

（3）氨水法[32]。

氨水是一种高效的吸收剂，具有吸收能力强、再生能耗低的特点。在燃煤电厂中，对除尘、脱硫后的烟气进行进一步的冷却和增压，然后从吸收塔下部进入，在塔内与由塔顶喷射而下的氨水溶液逆向接触。烟气中的 CO_2 与氨水发生化学反应形成弱连接化合物，脱除了 CO_2 的烟气从吸收塔上部排出，而吸收了 CO_2 的溶液由泵抽离吸收塔，吸收液经加热释放出来 CO_2 气体，同时再生氨实现循环利用。由于氨水存在高挥发特性，氨损失严重，因此该法并未得到大规模推广，为了有效控制氨损失，利用氨水法捕集 CO_2 的过程通常需要在低温下运行，这不仅需要消耗巨大能量对烟气进行冷却，并且也限制了氨水对 CO_2 的吸收率。因此，有效控制氨液挥发、降低能耗是我国氨水法捕集技术未来的研究方向。

（4）热钾碱溶液法[33]。

碳酸钾水溶液是用于热钾碱溶液法捕集 CO_2 的吸收剂，经过多年的发展，该类吸收剂已被广泛应用到制氢、天然气等行业的脱碳工艺中。碳酸钾吸收剂较醇胺吸收剂具有成本低、低毒性和无降解等优点，但因为热钾碱溶液腐蚀性较强、吸收速率相对较慢，该类吸收剂不适用于低浓度烟气中 CO_2 的捕集，它主要用于 CO_2 分压和总压较高的气体中 CO_2 的捕集，研发高效经济的活化剂是当前热钾碱溶液法的难点。

（5）离子液体法[34]。

离子液体是由阴、阳离子构成，在低于 100℃ 时呈液态的有机盐[9]。离子液体具有蒸气压极低、不易燃、热稳定性好、溶解能力强、结构和性质可调节、可循环使用的优点。近年来，国内在离子液体捕集 CO_2 方面开展了多项研发工作，取得了许多有价值的成果。常规室温离子液体与目前工业上应用的有机胺溶液捕集 CO_2 相比缺乏竞争优势，但功能化离子液体、支撑离子液体膜、聚合物离子液体以及离子液体与分子溶剂的混合物均展现出广阔的应用前景。不过，目前关于离子液体吸收分离 CO_2 的研究仍处于探索、发展阶段，还有一系列难题需要解决。

2）物理吸收法

物理吸收法的典型工艺主要有低温甲醇洗工艺、碳酸丙酯法工艺（Flour 工艺）、聚乙二醇二甲醚法（Selexol 工艺、NHD 工艺）等。物理吸收法具有很多优点，如吸收剂在高压低温条件下 CO_2 负载量多，吸收剂循环量少；溶剂再生容易，再生能耗低；溶剂选择性好，无腐蚀性，性能稳定等。物理吸收法中低

温甲醇洗技术在 CO_2 捕集量大、高脱碳要求的大型装置中应用较多，目前国内有大连理工大学和化学工业第二设计院研发的低温甲醇洗技术。此外，南京化学工业集团公司研究院（以下简称南化研究院）开发的 NHD 工艺，与国外的 Selexol 工艺相似，脱碳后净烟气中 CO_2 的质量分数为 0.2%，此技术近年来在中小型合成氨、甲醇装置上应用较多，与低温甲醇洗技术相比，其投资较低，工艺较为简单。

在 CCUS“双碳”政策指引下，我国已经建成多套碳捕集示范工程，截至 2021 年 7 月底，燃烧后捕集技术示范项目有 40 个左右，部分示范工程见表 2-4[36]。

表 2-4　国内部分碳捕集示范工程

序号	项目名称	项目规模 / （10^4t/a）	碳捕集技术	地区
1	国家能源集团锦界电厂碳捕集项目	15	化学吸收法	陕西
2	中国华能集团上海石洞口碳捕集项目	12	化学吸收法	上海
3	新疆敦华克拉玛依碳捕集示范项目	10	化学吸收法	新疆
4	新疆敦华库车碳捕集示范项目	10	化学吸收法	新疆
5	中国华能集团天津绿色煤电项目	10	化学吸收法	天津
6	胜利油田 4×10^4t/a CO_2 捕集与驱油示范工程	4	化学吸收法	山东
7	中国石油吉林油田 EOR 研究示范项目	60	化学吸收法	吉林
8	中国石化中原油田 CO_2-EOR 项目	10	化学吸收法	河南
9	天津北塘电厂项目	2	化学吸收法	天津
10	中电投重庆双槐电厂碳捕集示范项目	1	化学吸收法	四川

2. 吸附法

吸附法工艺流程简单灵活，基于不同浓度的分离条件可选用不同的吸附工艺。吸附法在吸附 CO_2 的过程中没有污染物产生，且 CO_2 回收率高，但是固体吸附剂的捕获能力有限，再生能耗高。根据吸附、解吸方法的差异，工业上将吸附工艺主要分为变压吸附和变温吸附。

1）变压吸附

国内的变压吸附技术最早由西南化工研究设计院有限公司开发出来。1987年，我国第一套从石灰窑气中提纯 CO_2 的装置在四川眉山氮肥厂投入运行；1995 年，宁波化肥厂建成变压吸附装置，用于从合成氨变换气中回收 CO_2；2005 年，四川开元科技有限责任公司改进了变压吸附脱碳技术工艺流程，优化了设备配置，并在自动控制系统方面取得了较大的进步[37]。经过十几年的发展，变压吸附技术在我国工业气体分离工作中得到了广泛的应用，但是受制于吸附剂和吸附剂效率的影响，变压吸附技术未来仍有许多难题亟待解决。

2）变温吸附

变温吸附技术是一种最早实现气体分离的吸附工艺。我国变温吸附技术主要用于挥发性有机物（VOCs）的脱除、气体净化等方面，在工业生产过程中，由于温度的调节速度相对较慢，因此变温吸附法的效率相对较低。目前，变温吸附技术在我国 CO_2 捕集领域的相关研究较少。

3. 膜分离法

膜分离法利用气体组分与膜接触的理化性质差异，使得不同组分先后从膜的一侧转移到另一侧，分离过程与膜的渗透性和选择性有关，典型工艺流程如图 2-4 所示[38]。目前，我国实验室、工业研究常用的用于气体分离的膜主要有聚合膜与钯膜等。

图 2-4　膜分离法工艺流程图

膜分离法通常适用于 CO_2 含量较高且气质情况复杂的气体，并且用于分离的膜对 CO_2 的选择性较高。但在实际应用中，由于烟气中 CO_2 通常含量较低且压力不高，与此同时，还有 NO_x、SO_x、H_2O 等干扰组分，且加工具有高选择性的膜技术难度较高，从实际情况来看，一次纯化过程很难实现预期的分离目标，而多次纯化也势必会增加分离成本。从技术特点上来看，膜分离具有操作便捷、设备紧凑、能耗低的优点，但是分离出的 CO_2 纯度不够高。对于火电厂烟气中捕集 CO_2，由于膜分离法的纯度低、选择性差，目前还处于初期研究阶段，尚未达到工业应用的要求。

4. 其他捕集方法

1）低温分离法

低温分离法的主要优势在于分离过程不需要使用化学试剂，无设备腐蚀风险，并且 CO_2 能以液体形式回收，有利于运输和储存；除此之外，与其他分离技术相比，通过低温方法捕获的 CO_2 可获得更高的纯度（一般超过 99.9%）。高纯度 CO_2 产品可以通过催化或生物反应有效地转化为更有价值的化学品，也可用于工业食品、肥料等领域。目前，低温分离技术在石油开采和天然气 CO_2 分离过程中应用较多，主要应用于高体积分数（通常超过 50%）和高压气体中的 CO_2 分离。但在燃烧后烟气的碳捕集中，由于低温分离法是在低温高压的条件下进行，此方法设备投资、能耗和成本均很高，并未实现大规模工业化应用[39]。

2）超重力法

超重力反应器是一种可以实现快速反应的理想反应器，利用比重力加速度大很多的超重力环境进行过程强化，通过高速旋转产生高加速度环境，实现快速反应，其反应效率远高于传统塔器。超重力设备用于提升胺液、脱除 CO_2 的研究与应用早有报道，但用于再生胺液的研究较少。胺液再生为吸热过程，反应平衡向释放 CO_2 的方向移动，是一个快速反应[5, 40]。因此，CO_2 的解吸速率控制步骤取决于扩散速率和分离速率。采用超重力技术则能加快这一过程，同时可以有效降低再生能耗。北京化工大学陈建峰院士率先提出将超重力旋转填充床（RPB）作为反应器强化反应的新思路和新技术，创立了旋转填充床反应器技术，发明并构建了具有我国自主知识产权的旋转填充床反应与分离强化的新技术体系，囊括了缩合、脱硫、脱碳、聚合物脱挥等一系列超重力强化新工艺，目前超重力法仍处于实验室阶段，还未得到工业化示范应用。

通过对国内碳捕集技术现状的分析总结发现，不同的碳捕集技术各自存在优缺点，尚未有一种可以独立、高效、经济且节能地进行碳捕集的方法。当前的应用重点是在评估技术可靠性、经济性等关键指标后，根据技术特点选择相对合适的捕集方法。近几年在国家政策的大力支持下，我国建成了一系列碳捕集示范工程，但碳捕集规模较小、项目数量较少。相比国际先进水平，我国整体的碳捕集技术还存在一定差距，吸附分离法和膜分离法主要处于实验室及小试研发阶段，中试经验不足；化学吸收法虽然开展了大量的工业示范，但是还缺少商业化应用和大型百万吨级工业示范的经验；未来国内百万吨级 CO_2 捕集工业示范工程的实施，将进一步推动我国 CO_2 捕集技术的发展。今后，我国碳捕集技术应加快核心技术研发，提高技术成熟度，提升碳捕集技术的核心竞争力。此外，我国应加快启动中试及示范项目的建设，进一步降低建设成本和运行成本，从而推动碳捕集技术的商业化发展。

参考文献

[1] National Petroleum Council. Meeting the dual challenge：A roadmap to at-scale deployment of carbon capture，use，and storage[R/OL]. https://dualchallenge.npc.org/.

[2] 韩涛，赵瑞，张帅，等 . 燃煤电厂二氧化碳捕集技术研究及应用 [J]. 煤炭工程，2017（z1）：24-28.

[3] 刘志坚，史建公，赵良英，等 . 二氧化碳捕集技术进展 [J]. 中外能源，2014，19（6）：1-11.

[4] 姜睿 . 国内外 CCUS 项目现状分析及展望 [J]. 安全、健康和环境，2022，22（4）：1-4，21.

[5] 温翯，韩伟，车春霞，等 . 燃烧后二氧化碳捕集技术与应用进展 [J]. 精细化工，2022（8）：1584-1595，1632.

[6] 张东明，杨晨，周海滨 . 二氧化碳捕集技术的最新研究进展 [J]. 环境保护科学，2010（5）：7-9，35.

[7] 段玉燕，罗海中，林海周，等 . 浅谈国内外 CCUS 示范项目经验 [J]. 山东化工，2018（20）：173-174，178.

[8] 顾阳 . 典型案例全球火电行业最大二氧化碳捕集装置建成投产——“碳捕集”规模化生产迈出实质一步 [N]. 经济日报，2010-07-21（14）.

[9] 田贺永，王万福，王任芳，等．二氧化碳捕集技术研究［J］. 能源环境保护，2012，28（6）：39-41，35.

[10] WOLFERSDORF C，MEYER B. The current status and future prospects for IGCC systems［M］//WANG T，STIEGEL G. Integrated Gasification Combined Cycle（IGCC）Technologies. Woodhead Publishing，2017：847-889.

[11] JANSEN D，GAZZANI M，MANZOLINI G，et al. Pre-combustion CO_2 capture［J］. International Journal of Greenhouse Gas Control，2015，40：167-187.

[12] YADAV S，MONDAL S S. A review on the progress and prospects of oxy-fuel carbon capture and sequestration（CCS）technology［J］. Fuel，2022，308：122057.

[13] HIGMAN C. Gasification process technology［M］//RASHID KHAN M. Advances in Clean Hydrocarbon Fuel Processing. Woodhead Publishing，2011:155-185.

[14] WANG L，GUO D G，ZHU H，et al. Light emitting diodes（LEDs）encapsulation of polymer composites based on poly（propylene fumarate）crosslinked with poly（propylene fumarate）-diacrylate［J］. RSC Advances，2015，5（65）：52888-52895.

[15] 杨万泰．聚合物材料表征与测试［M］. 北京：中国轻工业出版社，2008.

[16] MARCO A，MONIQUE P，ALEXANDRE G，et al. Physical and chemical properties of DMX^{TM} solvents［J］. Energy Procedia，2011，4：148-155.

[17] YU K M，CURCIC I，GABRIEL J，et al. Recent advances in CO_2 capture and utilization［J］. ChemSusChem，2010，3（6）：644.

[18] WANG L D，AN S L，YU S H，et al. Mass transfer characteristics of CO_2 absorption into a phase-change solvent in a wetted-wallcolumn［J］. International Journal of Greenhouse Gas Control，2017，64：276-283.

[19] WANG R J，JIANG L，LI，Q W，et al. Energy-saving CO_2 capture using sulfolane-regulated biphasic solvent［J］. Energy，2020，211：118667

[20] RAYNAL L，AIRAYNAL L，ALIX P，et al.The DMX^{TM} process：An original solution for lowering the cost of post -combustion carbon capture［J］.Energy Procedia，2011，4：779-786.

[21] SMITH K H，NICHOLAS N J，STEVENS G W. Inorganic salt solutions for post-combustion capture-ScienceDirect［M］//PAUL H M. Absorption-Based Post-combustion Capture of Carbon Dioxide. Woodhead Publishing，2016：145-166.

[22] WU H，LI Q，SHENG M，et al. Membrane technology for CO_2 capture：From pilot-scale investigation of two-stage plant to actual system design［J］. Journal of Membrane Science，2021，624：119137.

[23] 刘练波，郜时旺，许世森，等．燃煤烟气 CO_2 捕集系统与电厂系统集成分析［J］. 中国电机工程学报，2014，34（23）：3843-3848.

[24] 段立强，杨勇平，林汝谋．与 SOFC 整合的 CO_2 准零排放 IGCC 新系统研究［J］. 工程热物理学报，2006，27（5）：725–728.

[25] 闫姝，陈新明，史绍平，等．与 IGCC 匹配的燃烧前 CO_2 捕集系统动态特性分析及控制优化［J］. 中国电机工程学报，2016，36（1）：163–171.

[26] 魏义杭，佟博恒．二氧化碳的捕集与封存技术研究现状与发展［J］. 应用能源技术，2015（12）：36–39.

[27] DELAFONTAINE M T，FLEMMING B W，KROKGEL F.Organic enrichment in back barrier sediments of the Wadden Sea：results of a year environmental impact study spanning the Europipe landfall［A］//DELAFONTAINE M T，FLEMMING B W，VOLLMER M.Environmental Impacts of Europipe［J］.Journal of Coastal Research，2000（Special Issue27）.

[28] 王凤池，刘飞，赵瑞，等．基于 DEEA/MEA 两相吸收剂 15 万 t/ 年烟气 CO_2 捕集工艺模拟和技术经济分析［J］. 中国电机工程学报，2021，41（12）：8088–8096.

[29] 晏水平，方梦祥，王金莲，等．烟气 CO_2 吸收分离工艺再生能耗的分析与模拟［J］. 动力工程，2007，27（6）：969–974.

[30] 朱德臣．燃烧烟气 CO_2 化学吸收技术研究［D］. 杭州：浙江大学，2011.

[31] 刘志刚．CO_2 捕集技术的研究现状与发展趋势［J］. 石油与天然气化工，2022，51（4）：24–32.

[32] 陆诗建，贡玉萍，刘玲，等．有机胺 CO_2 吸收技术研究现状与发展方向［J］. 洁净煤技术，2022，28（9）：44–54.

[33] MUMFORD K A，SMITH K H，ANDERSON C J，et al. Post-combustion capture of CO_2：Results from the solvent absorption capture plant at hazel wood power station using potassium carbonate solvent［J］. Energy Fuels，2012，26（10）：138–146.

[34] 邓友全．离子液体性质、制备与应用［M］. 北京：中国石化出版社，2006.

[35] 刘佳，王素珍，郝启刚．对 NHD 脱碳工艺的优化和创新［J］. 化肥设计，2021，59（5）：49–51.

[36] 陈璐菡，徐金球，孙志国．CO_2 捕集技术的研究进展［J］. 上海第二工业大学学报，2020，37（1）：8–16.

[37] 张士玲，王法强．变压吸附分离工业废气中二氧化碳的研究进展初探［J］. 科技与企业，2014（24）：181.

[38] 马超援．低浓度 CO_2 捕集技术的现状与进展［J］. 山西建筑，2016，42（12）：185–186.

[39] 李新春，孙永斌．二氧化碳捕集现状和展望［J］. 能源技术经济，2010，22（4）：21–26.

[40] 鹿雯．二氧化碳捕集技术进展研究［J］. 环境科学与管理，2017，42（4）：84–88.

第三章　石油化工行业碳源统计

根据国际能源署公布的数据，2019 年全球温室气体排放量已达 563×10^8t，其中化石能源燃烧排放的 CO_2 约 378×10^8t，约占温室气体排放总量的 67%，是最主要的温室气体。在我国的能源结构中，煤炭、天然气和石油是主要的一次能源，煤炭、天然气和石油占比分别约为 57.7%、8.1% 和 18.9%，非碳能源占比约为 15.3%。2019 年，我国石化燃料燃烧排放的 CO_2 约 98×10^8t，约占我国 CO_2 排放总量的 80%，而电力、交通、钢铁、水泥、煤化工、石油化工、航空等行业 CO_2 排放量都相对较大。在这些排放的碳源中，CO_2 浓度各不相同，甚至差别较大，为了对不同的碳源采用经济合理的碳捕集技术，有必要对碳源进行统计分析。

第一节　石油化工行业碳源规格

一、概述

在石油化工行业中，CO_2 排放主要来源于化石燃料燃烧、火炬燃烧、工艺生产过程等。化石燃料燃烧排放的 CO_2 指石油化工生产过程为了提供动力或热力而进行的化石燃料燃烧，主要为自备电厂的燃煤锅炉、燃气锅炉和工艺加热炉燃烧后排放的烟气。火炬燃烧是石油化工企业出于安全目的，将正常生产过程中产生的连续低浓度可燃气体和异常工况安全阀等排放的浓度较高的气体一起送到火炬系统进行燃烧处理排放的烟气。工艺生产过程是指各个装置，如催化裂化装置、催化重整装置、催化剂烧焦再生装置、制氢装置、焦化装置、氧化沥青装置、乙烯裂解装置、乙二醇 / 环氧乙烷装置等产生的连续排放的尾气或烟气[1]。

二、各类碳源的主要规格

在石油化工行业排放的各类碳源中，CO_2浓度、温度、压力、其他气体成分各不相同，本书对各类碳源进行了统计并汇总出主要规格。

1. 合成氨装置脱碳气体规格

合成氨装置中，一般需要对合成氨原料气进行脱碳，把其中的CO_2脱除，可采用化学吸收法、物理吸收法和物理—化学吸收法，脱除出来的气体CO_2浓度较高，可送到尿素装置用于生产尿素，还有一部分外排。其脱碳气体的规格见表 3-1。

表 3-1　合成氨装置脱碳气体规格

序号	项目	正常工况
1	烟气温度 /℃	40
2	烟气压力 /kPa	30~60
3	二氧化碳 /%（体积分数）	≥ 94
4	氢气 /%（体积分数）	0.2~0.6
5	氮气 /%（体积分数）	0.02~0.1
6	水 /%（体积分数）	0.6~5.3

注：采用不同的脱碳工艺技术，脱碳气体规格不同。

2. 环氧乙烷 / 乙二醇装置脱碳气体规格

环氧乙烷 / 乙二醇装置中，CO_2脱除系统再生塔塔顶的排放气体主要成分为CO_2，一般直接排放到大气中[2]。其脱碳气体的规格见表 3-2。

表 3-2　环氧乙烷 / 乙二醇装置脱碳气体规格

序号	项目	正常工况
1	烟气温度 /℃	40~60
2	烟气压力 /kPa	50~80
3	二氧化碳 /%（体积分数）	≥ 80
4	甲烷 /%（体积分数）	0.2
5	乙烯 /%（体积分数）	0.0001
6	水 /%（体积分数）	5~19.8

注：采用不同的脱碳工艺技术，脱碳气体规格不同。

3. 石油焦制氢装置外排尾气规格

石油焦制氢装置外排尾气的主要成分为 CO_2，其规格见表 3–3。

表 3–3　石油焦制氢装置外排尾气规格

序号	项目	正常工况
1	烟气温度 /℃	17~20
2	烟气压力 /kPa	10~30
3	二氧化碳 /%（体积分数）	≥ 88
4	氮气 /%（体积分数）	9~10
5	水 /%（体积分数）	1~1.7
6	其他 /%（体积分数）	0.1~0.3

4. 天然气制氢装置中变气和解吸气规格

天然气制氢装置中，有的装置是中变气作为碳源，有的装置是解吸气作为碳源，解吸气是对中变气进行变压吸附净化，在低压下进行解吸，解吸气中 CO_2 浓度较高。中变气和解吸气的规格分别见表 3–4 和表 3–5。

表 3–4　天然气制氢装置中变气规格

序号	项目	正常工况
1	烟气温度 /℃	40
2	烟气压力 /kPa	2200
3	二氧化碳 /%（体积分数）	17~22
4	氢气 /%（体积分数）	70~75
5	氮气 /%（体积分数）	1~2
6	甲烷 /%（体积分数）	2~5
7	一氧化碳 /%（体积分数）	1~2
8	其他 /%（体积分数）	0.01~0.03

表 3-5　天然气制氢装置解吸气规格

序号	项目	正常工况
1	烟气温度 /℃	33~40
2	烟气压力 /kPa	20~30
3	二氧化碳 /%（体积分数）	45~58
4	氢气 /%（体积分数）	20~27
5	氮气 /%（体积分数）	1~5
6	甲烷 /%（体积分数）	13~18
7	一氧化碳 /%（体积分数）	2~7
8	其他 /%（体积分数）	0.1~0.3

5. 硫黄回收装置中的尾气规格

在硫黄回收装置尾气处理单元，克劳斯尾气经过催化剂加氢后，再经过余热回收和降温，此时的尾气中 CO_2 浓度较高，其尾气规格见表 3-6。

表 3-6　硫黄回收装置尾气规格

序号	项目	正常工况
1	烟气温度 /℃	40
2	烟气压力 /kPa	50~80
3	二氧化碳 /%（体积分数）	25~38
4	硫化氢 /%（体积分数）	55~65
5	水 /%（体积分数）	3~10
6	甲烷 /%（体积分数）	1~2

6. 燃煤锅炉烟气规格

一些石化企业的自备电厂燃煤锅炉排放的烟气经过脱硝、脱硫、除尘超净排放治理后，直接排放到大气。经过超净排放治理后的烟气规格见表 3-7。

表 3-7 燃煤锅炉烟气规格

序号	项目	正常工况
1	烟气温度 /℃	50~55
2	烟气压力 /kPa	0~2
3	二氧化碳 /%（体积分数）	8~12
4	氧气 /%（体积分数）	6~8
5	氮气 /%（体积分数）	70~75
6	水 /%（体积分数）	8~12
7	二氧化硫 /（mg/m^3）	≤ 35
8	氮氧化物 /（mg/m^3）	≤ 50
9	粉尘 /（mg/m^3）	≤ 10

7. 燃气锅炉烟气规格

一些石化企业的自备电厂或锅炉房的锅炉为燃烧天然气锅炉，排放的烟气一般经过脱硝和余热回收处理后，直接排放到大气。经过处理后的烟气规格见表 3-8。

表 3-8 燃气锅炉烟气规格

序号	项目	正常工况
1	烟气温度 /℃	90~120
2	烟气压力 /kPa	0~2
3	二氧化碳 /%（体积分数）	3~6
4	氧气 /%（体积分数）	10~14
5	氮气 /%（体积分数）	70~75
6	水 /%（体积分数）	5~8
7	二氧化硫 /（mg/m^3）	≤ 10
8	氮氧化物 /（mg/m^3）	≤ 50

8. 催化裂化装置再生烟气规格

催化裂化装置的碳源主要是再生器烧焦时产生的烟气，烟气规格见表 3-9。

表 3-9　催化裂化装置再生烟气规格

序号	项目	正常工况
1	烟气温度 /℃	55~60
2	烟气压力 /kPa	0~2
3	二氧化碳 /%（体积分数）	13~14
4	氧气 /%（体积分数）	1~3
5	氮气 /%（体积分数）	72~76
6	水 /%（体积分数）	6~10
7	二氧化硫 /（mg/m^3）	≤ 10
8	氮氧化物 /（mg/m^3）	≤ 50

9. 催化重整装置再生烟气规格

催化重整装置中，催化剂烧焦再生烟气排放量较大，其烟气规格见表 3-10。

表 3-10　催化重整装置再生烟气规格

序号	项目	正常工况
1	烟气温度 /℃	50~60
2	烟气压力 /kPa	0~5
3	二氧化碳 /%（体积分数）	13~16
4	氧气 /%（体积分数）	1~3
5	氮气 /%（体积分数）	72~83
6	水 /%（体积分数）	3~5
7	二氧化硫 /（mg/m^3）	≤ 0.000035
8	氮氧化物 /（mg/m^3）	≤ 0.000050

10. 乙烯装置内裂解炉烟气规格

在乙烯装置中，乙烯裂解炉是最主要的核心设备，也是低浓度碳源主要的排放点，乙烯裂解炉所用燃料一般为碳三和碳四的液化气体[3]。其排放的烟气规格见表 3-11。

表 3-11　乙烯装置内裂解炉烟气规格

序号	项目	正常工况
1	烟气温度 /℃	140~155
2	烟气压力 /kPa	0~3
3	二氧化碳 /%（体积分数）	3~9
4	氧气 /%（体积分数）	1~3
5	氮气 /%（体积分数）	70~72
6	水 /%（体积分数）	10~20
7	氮氧化物 /（mg/m^3）	≤ 85

11. 工艺装置内加热炉烟气规格

常减压蒸馏装置、连续重整装置、加氢装置以及其他工艺装置内的工艺加热炉排放的烟气规格都比较类似，见表 3-12。

表 3-12　工艺装置内加热炉烟气规格

序号	项目	正常工况
1	烟气温度 /℃	130~150
2	烟气压力 /kPa	0~3
3	二氧化碳 /%（体积分数）	8~10
4	氧气 /%（体积分数）	3~6
5	氮气 /%（体积分数）	72~76
6	水 /%（体积分数）	7~10
7	二氧化硫 /（mg/m^3）	≤ 35
8	氮氧化物 /（mg/m^3）	≤ 50

第二节　高中低浓度碳源的划分

一、碳源的划分

在各种烟气或尾气的碳源中，CO_2 的浓度差别较大，有的碳源浓度达到 90%（体积分数）以上，有的碳源浓度约为 5%（体积分数）。区分不同浓度 CO_2 的碳源，可据此采用经济合理的捕集技术。根据 CO_2 浓度，碳源可划分为高浓度碳源、中浓度碳源和低浓度碳源（表 3-13）。

表 3-13　碳源的划分

类别	CO_2 浓度 /%（体积分数）	备注
高浓度碳源	≥ 80	合成氨脱碳气等
中浓度碳源	＞ 20 且＜ 80	制氢装置解吸气和中变气
低浓度碳源	≤ 20	烟道气或烟气

1. 高浓度碳源

CO_2 浓度一般不小于 80%（体积分数），如合成氨脱碳气、煤制氢尾气和环氧乙烷副产气等。

2. 中浓度碳源

CO_2 浓度一般大于 20%（体积分数）且小于 80%，如制氢装置解吸气和中变气、硫黄回收尾气处理后气体等。

3. 低浓度碳源

CO_2 浓度一般不大于 20%（体积分数），主要为锅炉的烟道气、各种工艺装置中加热炉的烟气和火炬燃烧后的尾气。

在这些碳源中，高浓度碳源仅占一小部分，中浓度碳源相对很少，绝大部分为低浓度碳源。对于高浓度碳源，一般选用压缩液化—低温精馏工艺技术。对于中低浓度碳源，一般选用化学吸收、物理吸收、吸附和膜分离等技术。

二、碳源分布情况

对石油化工行业的碳源进行统计分析发现：高浓度碳源较少，主要在合成氨装置中产生；中浓度碳源主要是制氢装置的解吸气；绝大部分为低浓度碳源。石油化工行业的碳源分布情况如图 3-1 所示。

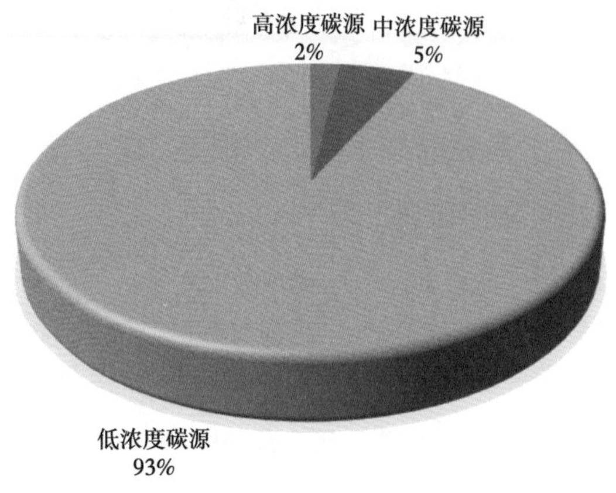

图 3-1　石油化工行业的碳源分布情况

由图 3-1 可见，在石油化工行业中，低浓度碳源约占全部碳源的 93%，是最主要的碳源。而在低浓度碳源中，自备电厂及锅炉排放的烟气占比最多，约占 38%；其次是催化重整装置和催化裂化装置，占比分别为 17% 和 13%；乙烯装置中裂解炉排放的烟气占比约为 9%；其他部分主要为各个装置工艺加热炉等的合计（图 3-2）。

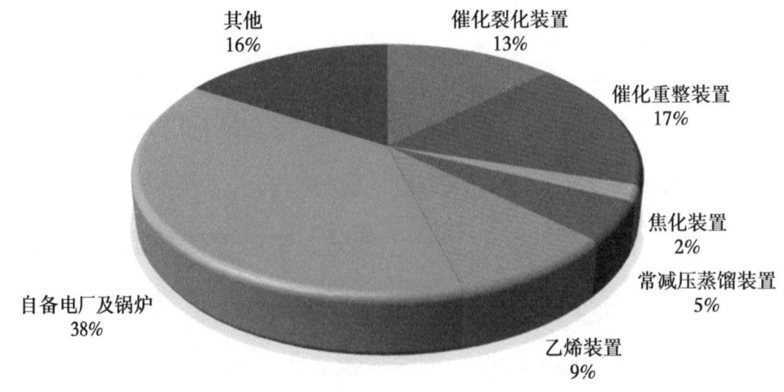

图 3-2　低浓度碳源的分布情况

第三节　石油化工行业二氧化碳排放量计算

一、化石燃料燃烧二氧化碳排放量计算

1. 计算公式

化石燃料燃烧 CO_2 排放量采用式（3-1）进行计算[4]。

$$E_{燃烧} = \sum_{i=1}^{n}(AD_i \times EF_i) \quad (3-1)$$

式中　$E_{燃烧}$——化石燃料燃烧的排放量，t CO_2；

AD_i——第 i 种化石燃料的活动数据，GJ；

EF_i——第 i 种化石燃料的 CO_2 排放因子，t CO_2/GJ。

$$AD_i = FC_i \times NCV_i \quad (3-2)$$

式中　FC_i——第 i 种化石燃料的消耗量，对于固体或液体燃料，单位为 t，对于气体燃料，单位为 $10^4 m^3$；

NCV_i——第 i 种化石燃料的低位发热量，对于固体或液体燃料，单位为 GJ/t，对于气体燃料，单位为 GJ/$10^4 m^3$。

$$EF_i = CC_i \times OF_i \times 44/12 \quad (3-3)$$

式中　CC_i——第 i 种化石燃料的单位热值含碳量，t CO_2/GJ；

OF_i——第 i 种化石燃料的碳氧化率，%。

2. 常用化石燃料相关参数

上述公式中的有关参数可参考表 3-14。

表 3-14　常用化石燃料相关参数

能源名称	低位发热量⑤	单位热值含碳量 /（t CO_2/GJ）	碳氧化率 / %
原油	41.816 GJ/t①	0.02008②	98②
燃料油	41.816 GJ/t①	0.0211②	98②
汽油	43.070 GJ/t①	0.0189②	98②

续表

能源名称	低位发热量⑤	单位热值含碳量 /（t CO_2/GJ）	碳氧化率 / %
煤油	43.070 GJ/t①	0.0196②	98②
柴油	42.652 GJ/t①	0.0202②	98②
液化石油气	50.179 GJ/t①	0.0172③	98②
炼厂干气	45.998 GJ/t①	0.0182②	98②
天然气	389.31 GJ/$10^4m^3$①	0.01532②	99②
焦炉煤气	173.54 GJ/$10^4m^3$④	0.0121③	99②
高炉煤气	33.00 GJ/$10^4m^3$④	0.0708③	99②
转炉煤气	84.00 GJ/$10^4m^3$④	0.0496③	99②
其他煤气	52.27GJ/$10^4m^3$①	0.0122③	99②

①数据来源于《中国能源统计年鉴 2019》。

②数据来源于《省级温室气体清单编制指南（试行）》。

③数据来源于《2006 年 TPCC 国家温室气体清单指南》。

④数据来源于《中国温室气体清单研究》。

⑤根据国际蒸汽表卡换算，1kcal=4.1868kJ。

二、净购入电力二氧化碳排放量计算

对于外购的电力，也应折算出 CO_2 的排放量，采用式（3-4）进行计算。

$$E_{电} = AD_{电} \times EF_{电} \tag{3-4}$$

式中 $E_{电}$——外购电力产生的 CO_2 排放量，t CO_2；

$AD_{电}$——购入使用的电量，MW·h；

$EF_{电}$——电网排放因子，t CO_2/（MW·h）。

电网排放因子可采用 0.5810t CO_2/（MW·h），也可参考表 3-15。

2019 年，生态环境部按照我国区域电网基准线，公布了电网排放因子[5]，见表 3-15。

表 3-15 我国区域电网基准线排放因子

电网名称	电量边际排放因子 / t CO_2/（MW·h）	容量边际排放因子 / t CO_2/（MW·h）
华北区域电网	0.9419	0.4819
东北区域电网	1.0826	0.2399
华东区域电网	0.7921	0.3870
华中区域电网	0.8587	0.2854
西北区域电网	0.8922	0.4407
南方区域电网	0.8042	0.2135

注：电量边际排放因子属于事前计算，需经主管部门审核；容量边际排放因子，不需要事后的监测和更新。

参考文献

[1] 国家发展和改革委员会．中国石油化工企业温室气体排放核算方法与报告指南（试行）[R/OL].(2014-12-03).https://www.ndrc.gov.cn/xxgk/zcfb/tz/201502/W020190905507323633548.pdf.

[2]《石油和化工工程设计工作手册》编委会．石油和化工工程设计工作手册：第十册 炼油装置工程设计 [M]. 东营：中国石油大学出版社，2010.

[3]《石油和化工工程设计工作手册》编委会．石油和化工工程设计工作手册：第十一册 化工装置工程设计 [M]. 东营：中国石油大学出版社，2010.

[4] 生态环境部．企业温室气体排放核算方法与报告指南发电设施 [R/OL]. (2022-12-19).https://www.mee.gov.cn/xxgk2018/xxgk/xxgk05/202103/W020210330581117072208.pdf.

[5] 国家发展和改革委员会．中国发电企业温室气体排放核算方法与报告指南（试行）[R/OL].2019. https://wenku.baidu.com/view/dd513549dd80d4d8d15abe23482fb4daa58d1d1d.html?_wkts_=1678850565451&bdQuery=%E4%B8%AD%E5%9B%BD%E5%8F%91%E7%94%B5%E4%BC%81%E4%B8%9A%E6%B8%A9%E5%AE%A4%E6%B0%94%E4%BD%93%E6%8E%92%E6%94%BE%E6%A0%B8%E7%AE%97%E6%96%B9%E6%B3%95%E4%B8%8E%E6%8A%A5%E5%91%8A%E6%8C%87%E5%8D%97%28%E8%AF%95%E8%A1%8C%29.

第四章　吸收法碳捕集技术

在各种碳捕集技术中，吸收法碳捕集技术是发展较快且相对比较成熟的工业化技术。在吸收法碳捕集技术中，降低捕集能耗、物耗，进一步降低捕集成本是主要的发展方向。在石油化工行业中，根据碳源特点和使用场所，选用合适的吸收法碳捕集技术。化学吸收法中，常用的碳捕集技术为 AEEA 复合醇胺溶液碳捕集技术、相变吸收复合醇胺溶液碳捕集技术、活化 MDEA 碳捕集技术和热钾碱碳捕集技术。物理吸收法中，常用的碳捕集技术为 NHD 碳捕集技术。

第一节　AEEA 复合醇胺溶液碳捕集技术

一、技术适用范围

1. 概述

化学吸收法是燃烧后 CO_2 捕集的主要方法之一，吸收剂是决定吸收性能的关键，高吸收速率、高吸收容量、低再生能耗是化学吸收剂的开发方向，也是开发低能耗 CO_2 捕集技术的关键。已知的化学吸收剂有胺类吸收剂、无机碱性吸收剂（氨水）、热钾碱溶液、离子液体等，在实际工业应用领域，胺类吸收剂是最重要的吸收剂。

胺类吸收剂一般指醇胺，醇胺是由羟基和烃基取代氨的氢原子后形成的，根据氮原子连接碳原子的数量不同，醇胺可以分为伯胺、肿胺和叔胺。从分子构成和官能团不难看出，醇胺具有一定的水溶性和碱性，可以广泛应用于酸性气体的分离和脱除，如一乙醇胺（MEA）早期就应用于天然气脱除酸性气体（H_2S、CO_2 等）。

混合气中 CO_2 体积分数小于 20% 被定义为低浓度 CO_2，锅炉和加热炉等排放烟气就是典型的低浓度 CO_2 气体，并且在石油化工行业碳排放中占比较大。烟气中还有氧气、颗粒物、SO_2 等组分，对常规胺类吸收剂（如 MEA 等）的吸收速率、解吸效率都有影响，适用于低浓度烟气的、高效的、低成本的胺类吸收剂是研究重点。

2.AEEA 复合醇胺溶液特性

相较于单一醇胺溶液，复合醇胺溶液在抗氧化降解能力、吸收速率、吸收循环负荷等方面具有显著的优势。已见诸报道的复合醇胺溶液吸收剂的主剂有 MEA、MDEA（*N*- 甲基二乙醇胺）等，MEA 属于伯胺类，具有吸收速率快、解吸能耗高等典型特征；MDEA 属于叔胺，具有解吸能耗低、高 CO_2 分压条件下吸收容量大、吸收速率慢等特点。

研究发现[1]，分子组成中有多个氮原子的有机胺相较于单一氮原子的有机胺，其能够明显提高醇胺溶液吸收 CO_2 的量。AEEA（羟乙基乙二胺）分子结构中既含有一个伯胺，又含有一个仲胺，具有吸收速率快、CO_2 吸收容量大等特点。郭超[2] 通过实验比较不同胺的水溶液对 CO_2 吸收和解吸的性能对比，AEEA 的吸收负荷和吸收速率都接近 MEA 的 2 倍，AEEA 的解吸速率也明显高于 MEA，并且实验显示在前 10min 内 AEEA 的解吸速率是 MEA 的 2 倍以上。

胺液化学吸收法中，胺液的沸点高低将影响使用过程中醇胺的挥发量大小，从而影响运行成本。而胺液的发泡性也会影响吸收速率和胺逃逸量。工业实际应用中，吸收—解吸的稳定性是评估胺液性能的重要指标，从目前工业装置运行数据看，AEEA 复合醇胺溶液的挥发性和发泡性都具有明显优势。

3.AEEA 复合醇胺溶液应用场景

化学吸收法主要适用于中低浓度 CO_2 捕集的场景，其中中浓度指混合气中 CO_2 体积分数小于 80%，中浓度 CO_2 排放场所主要有制氢弛放气等。由中国昆仑工程有限公司设计，坐落在新疆的两套 10×10^4t/a 碳捕集项目就是以制氢弛放气为原料，两个项目使用的吸收剂均为 AEEA 复合醇胺溶液。制氢弛放气中 CO_2 分压较高，组分不含 O_2、SO_2 等影响胺液稳定性的杂质，吸收速率快、解吸能耗低。

在以烟气为代表的低浓度 CO_2 捕集应用领域，AEEA 复合醇胺溶液也有应用前景。低浓度烟气中，较低的 CO_2 分压会影响传统胺液的吸收速率，烟气虽然经过了脱硝、脱硫和除尘处理，但仍然含有一定浓度的 SO_2，在实际的胺液吸收剂捕集 CO_2 工业应用中，吸收工段前要增加预处理装置。此举主要有两个目的：一是进一步去除烟气中的 SO_2 等杂质；二是将烟气温度降至 40℃ 左右。相较于传统胺液吸收剂，AEEA 复合吸收剂抗氧化能力强，烟气中的 O_2 对于 AEEA 复合醇胺溶液的 CO_2 吸收荷载基本没有影响。

二、国内外技术现状

MEA 胺液作为早期主要的吸收剂，其具有的吸收效果好、成本低等特点，使其可以广泛应用。时至今日，市场上仍有不少的 CO_2 胺液吸收法使用的仍是以 MEA 为主剂的复合醇胺溶液，比如 Paraxair 技术、HICAP+™ 技术、Econamine FG Plus™ 技术等。AEEA 作为新型的二元有机胺吸收剂，近十年来逐步获得大家的关注，并在工业领域扩展开来。

胺液吸收剂的研究重点就是提高吸收剂的吸收能力，提高溶剂的 CO_2 吸收速率，降低解吸过程的能耗，提高溶剂的热稳定性，降低吸收剂发泡和挥发损失，以及减少溶剂废物等。大连理工大学等高校研究证实，通过向 AEEA 溶液中添加有机胺（DETA、MDEA 等）可以强化 AEEA 溶液的 CO_2 吸收能力和吸收速率。此外，相较于传统 MEA 溶剂再生的温度 120℃，AEEA 胺液在 105℃ 就可以实现高效解吸，大大降低了解吸过程所需的能耗，有研究证实，AEEA+DETA 复合醇胺溶液解吸热可以低至 82.5kJ/mol，CO_2 再生率为 80% 以上。

在工业应用领域，胺液吸收法捕集 CO_2 还应着重考虑胺液的抗降解能力，热降解、氧化降解及气体杂质（SO_2 等）影响吸收活性。随着 AEEA 复合醇胺溶液逐步受到人们的关注，对 AEEA 复合醇胺溶液的抗降解能力进行了充分研究，证实 AEEA 抗降解的能力还是很好的，尤其是对 O_2 的适应性和高温适应性，但要注意烟气中 SO_2 对于 AEEA 复合醇胺溶液的吸收负荷影响较大，实际应用中应有脱硫手段[3]。

三、AEEA 复合醇胺溶液工艺技术特点

1. 工艺技术

1）AEEA 溶液的性质

（1）AEEA 溶液的物理性质。

AEEA 同时含有活泼的氨基和羟基，属于碱性有机化合物，是香波、润滑油和树脂等物质的重要原料。在 CO_2 捕集工业中，AEEA 因其吸收容量大、吸收速率快、再生能耗低等特点而被广泛采用。AEEA 是一种含有两个氮原子的二元胺，其结构中同时含有一个伯氨基和一个仲氨基，其分子结构式如图 4-1 所示。

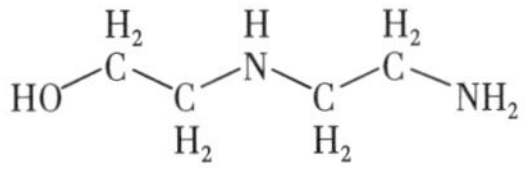

$$HO-CH_2-CH_2-NH-CH_2-CH_2-NH_2$$

图 4-1　AEEA 分子结构式

AEEA 物理性质见表 4-1。

表 4-1　AEEA 物理性质[1]

名称	分子式	分子量	沸点 / ℃	黏度（20℃）/ mPa·s	密度（20℃）/ kg/m³	凝固点 / ℃	外观	水溶性	属性
AEEA	$C_4H_{12}N_2O$	104.15	240	141	1030	−28	透明黏稠液体	极易溶于水	空间位阻胺

（2）AEEA 水溶液与 CO_2 反应的化学平衡。

AEEA 的分子结构不对称，AEEA 水溶液与 CO_2 发生反应的过程中会生成多种离子，主要反应[2]如下：

水的离解反应：

$$2H_2O \rightleftharpoons H_3O^+ + OH^- \tag{4-1}$$

CO_2 水解反应：

$$CO_2 + 2H_2O \rightleftharpoons HCO_3^- + H_3O^+ \tag{4-2}$$

HCO_3^- 转化反应：

$$HCO_3^- + H_2O \rightleftharpoons CO_3^{2-} + H_3O^+ \tag{4-3}$$

$$HCO_3^- + AEEA \rightleftharpoons CO_3^{2-} + AEEAH^+ \tag{4-4}$$

CO_3^{2-} 转化反应：

$$CO_2 + CO_3^{2-} + H_2O \rightleftharpoons 2HCO_3^- \tag{4-5}$$

AEEA 质子化反应：

$$AEEA + H_3O^+ \rightleftharpoons AEEAH^+ + H_2O \tag{4-6}$$

$$AEEAH^+ + H_3O^+ \rightleftharpoons AEEAH_2^{2+} + H_2O \tag{4-7}$$

$AEEAH^+$ 离解反应：

$$AEEAH^+ + H_2O \rightleftharpoons AEEA + H_3O^+ \tag{4-8}$$

形成氨基甲酸盐反应：

$$AEEA + CO_2 + H_2O \rightleftharpoons AEEACOO_P^- + H_3O^+ \tag{4-9}$$

$$AEEA + CO_2 + H_2O \rightleftharpoons AEEACOO_S^- + H_3O^+ \tag{4-10}$$

$$HCO_3^- + AEEA \rightleftharpoons AEEACOO_P^- + H_2O \tag{4-11}$$

$$HCO_3^- + AEEA \rightleftharpoons AEEACOO_S^- + H_2O \tag{4-12}$$

氨基甲酸盐质子化反应：

$$AEEACOO_P^- + H_3O^+ \rightleftharpoons AEEACOO_PH + H_2O \tag{4-13}$$

$$AEEACOO_S^- + H_3O^+ \rightleftharpoons AEEACOO_SH + H_2O \tag{4-14}$$

形成二氨基甲酸盐：

$$AEEACOO_P^- + CO_2 + H_2O \rightleftharpoons AEEA(COO)_2^{2-} + H_3O^+ \quad (4\text{-}15)$$

$$AEEACOO_S^- + CO_2 + H_2O \rightleftharpoons AEEA(COO)_2^{2-} + H_3O^+ \quad (4\text{-}16)$$

氨基甲酸盐转化反应：

$$AEEACOO_P^- + CO_2 + 2H_2O \rightleftharpoons 2HCO_3^- + AEEAH^+ \quad (4\text{-}17)$$

$$AEEACOO_S^- + CO_2 + 2H_2O \rightleftharpoons 2HCO_3^- + AEEAH^+ \quad (4\text{-}18)$$

其中，$AEEACOO_P^-/AEEACOO_PH$ 为伯氨基甲酸盐，$AEEACOO_S^-/AEEACOO_SH$ 为仲氨基甲酸盐。

由以上反应可以看出，二元胺 AEEA 分子中含有伯胺 N 和仲胺 N，其遵循两性离子的反应机理，先是伯胺和仲胺与 CO_2 直接反应形成中间两性离子，然后两性离子再转化为氨基甲酸盐。尽管 AEEA 结构复杂，涉及的可逆反应众多，中间产物多样，导致研究 AEEA 的反应过程难度较大，但是因其在吸收 CO_2 方面表现出优异的性能特点，所以工业上被广泛采用。

2）基于 AEEA 复合醇胺溶液的碳捕集工艺流程

（1）基于 AEEA 复合醇胺溶液吸收烟气中 CO_2 的典型工艺流程。

AEEA 复合醇胺溶液是经过工业验证的对于中低浓度烟气 CO_2 吸收具有良好性能的吸收剂，本章捕集流程的原料气基于低浓度锅炉烟气。图 4-2 是基于 AEEA 复合醇胺溶液吸收烟气中 CO_2 的典型工艺流程。由图 4-2 可以看出，该系统主要设备为预处理塔、吸收塔和解吸塔，同时根据吸收解吸工况要求设置了换热冷却设备及增压需要的机泵设备。主要工艺介绍如下：

①预处理工段。

目前，我国锅炉烟气基本完成超低排放改造，以燃煤烟气为例，超低排放后烟气中烟尘浓度不高于 $10mg/m^3$、二氧化硫浓度不高于 $35mg/m^3$、氮氧化物浓度不高于 $50mg/m^3$，温度约 50℃，压力为常压。然而，按照规范要求进入 CO_2

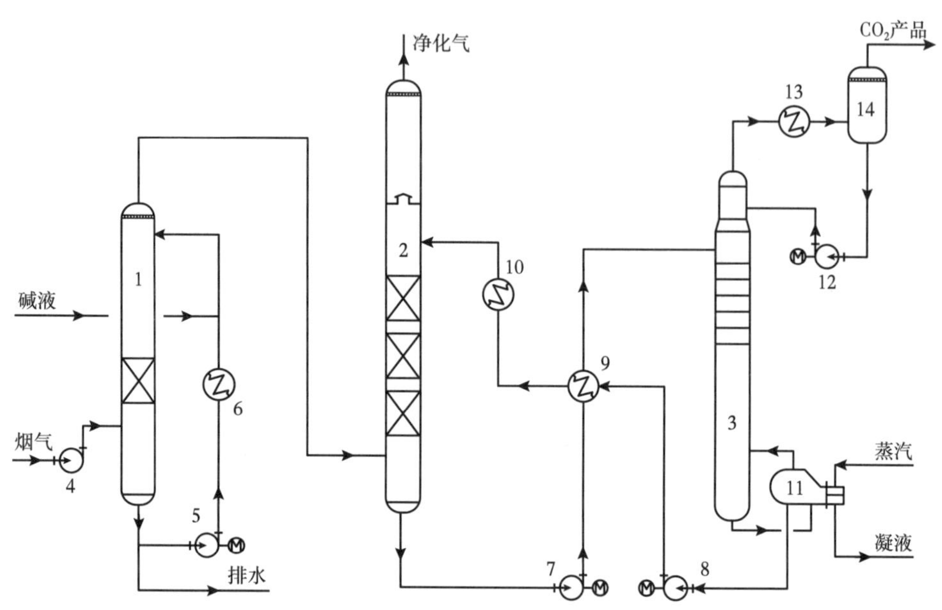

图 4-2　基于 AEEA 醇胺溶液吸收烟气中 CO_2 的典型工艺流程图

1—预处理塔；2—吸收塔；3—解吸塔；4—烟气风机；5—预处理循环泵；6—预处理冷却器；7—富液循环泵；8—贫液循环泵；9—贫富液换热器；10—贫液冷却器；11—再沸器；12—塔顶回流泵；13—塔顶冷却器；14—气液分离罐

吸收装置的烟气中粉尘含量不宜大于 5mg/m^3，二氧化硫含量不宜大于 10mg/m^3，氮氧化物含量不宜大于 50mg/m^3，同时温度不宜高于 45℃。基于以上因素，在烟气进入吸收塔前需要先经过预处理塔进行脱硫、除尘和降温处理，然后才可以进入吸收、解吸装置进行 CO_2 循环捕集。首先，烟气经增压风机增压后，从底部进入预处理塔，在预处理塔内与从塔上部进来的预处理液进行逆流接触，气体中的二氧化硫、粉尘等杂质被溶液吸收并从塔底流出，经预处理泵增压再送回至预处理塔内循环利用。为实现脱硫烟气喷淋降温，循环液管线上增设预处理冷却器，用循环冷却水将塔底的洗涤液进行冷却。同时外排部分污水，避免杂质富集。此外，通过添加碱液调节预处理洗涤液的 pH 值，用于控制脱硫精度，同时避免设备腐蚀。

②吸收和解吸工段。

经过预处理塔的降温、脱硫、除尘，烟气从吸收塔底部进入吸收塔，在吸

收塔内烟气中的 CO_2 与解吸塔来的 AEEA 贫胺液发生反应，净化烟气从塔顶排出。AEEA 贫胺液吸收 CO_2 后，生成氨基甲酸盐及碳酸氢盐等反应产物形成富胺液。富胺液从吸收塔底排出，经贫富胺液换热器升温后进入解吸塔再生。再生过程所需的热量由解吸塔底的再沸器提供，再沸器的热量来源于低压蒸汽。再生后的贫胺液由解吸塔底排出，经贫富胺液换热器、贫液冷却器冷却后进入吸收塔循环利用。再生气则通过塔顶冷凝器冷却后送往压缩干燥等单元进一步处理得到所需最终产品。

图 4-2 是基于 AEEA 醇胺溶液化学吸收 CO_2 的典型工艺流程，针对化学吸收法能耗较高的特点，在此典型流程基础上又进行了众多优化改进流程。

（2）富液分流工艺流程。

传统的富液分流工艺流程（图 4-3），是吸收塔底富液分两股进入解吸塔，一股不经换热升温直接进入解吸塔顶部，另一股经贫富胺液换热器升温后进入

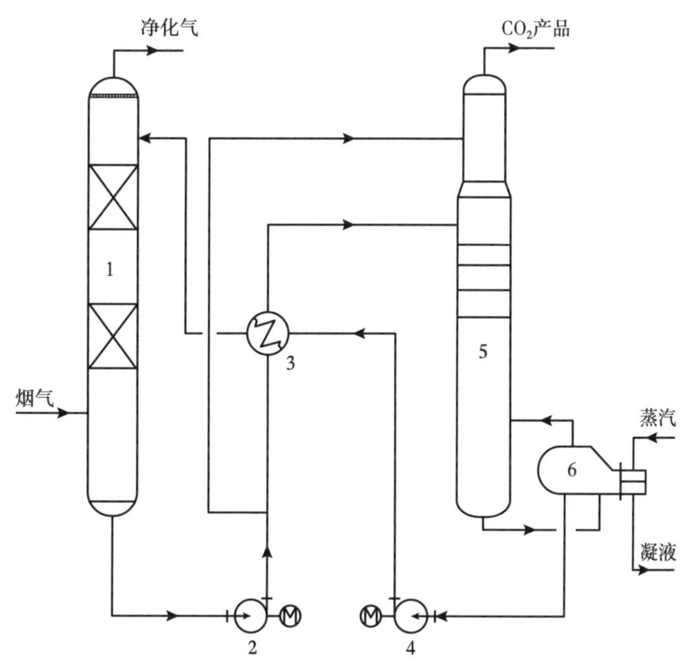

图 4-3 传统富液分流工艺流程图

1—吸收塔；2—富液循环泵；3—贫富液换热器；4—贫液循环泵；5—解吸塔；6—再沸器

解吸塔。此流程的优点主要体现在两方面：一是利用低温富胺液进入解吸塔顶部控制塔顶出气温度，从而降低塔顶气体中水蒸气的含量，最终使得塔顶冷凝器所需冷量减少；二是经过贫富胺液换热器的富胺液量减少，富胺液温升增加，从而节省塔底蒸汽耗量。然而，因工程实际中贫富胺液换热器端差限制导致富胺液温升无法提高，达不到节省蒸汽消耗的效果；另外，经过贫富胺液换热器的富胺液流量减少又使得贫胺液经过贫富胺液换热器后的温度升高，最终需要增加冷量将贫液冷却。

（3）级间冷却工艺流程。

级间冷却工艺流程如图 4-4 所示。根据醇胺吸收特点，低温有利于吸收反应进行，该工艺流程是将吸收塔中段半饱和富液收集后出塔，经过换热降温后再送至吸收塔继续吸收 CO_2，从而增加吸收率，降低解吸蒸汽消耗。

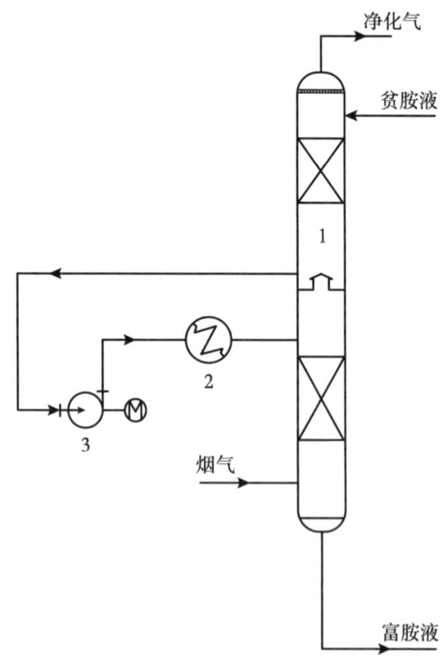

图 4-4　级间冷却工艺流程图

1—吸收塔；2—级间冷却器；3—级间冷却循环泵

级间冷却工艺水电汽单耗增量百分比见表 4-2。

表 4-2　级间冷却工艺水电汽单耗增量百分比

名称	蒸汽	循环冷却水	电
级间冷却工艺消耗增量百分比 /%	-4	-11	15.9

（4）吸收式热泵工艺流程。

吸收式热泵工艺流程如图 4-5 所示。吸收式热泵技术是通过回收低品位热能来制热的过程。热能综合利用系统遵循卡诺逆循环原理和热力学定律中关于低温热能不可能无代价地转变成为高品位热能的原理，通过少量高品位蒸汽作为驱动，回收利用低品位热能。热能转换主要步骤有：高品位蒸汽进入浓缩器间接加热工作介质溴化锂，将工作介质溴化锂进行浓缩，溴化锂溶液中的水蒸气在冷凝器凝结成液态放热，实现对被加热介质的二次加热，这相当于对工作介质进行负压精馏；得到的液态水进入蒸发器，与外来的低温余热液体换热得到比低温液体低 5℃ 左右的水蒸气，该水蒸气进入吸收器被工作介质溴化锂快速吸收，由于溴化锂具有快速吸收水蒸气并释放大量热的特性（类似于浓硫酸吸收水蒸气沸腾），从而实现对被加热介质的初次加热，实现热量回收。该流程中热泵转换得到的高品位热能给解吸反应提供热量，大大降低了蒸汽的消耗。

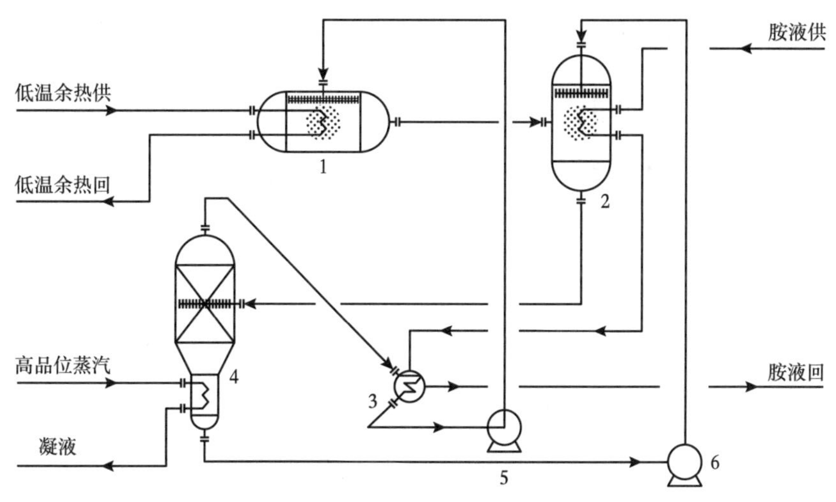

图 4-5　吸收式热泵工艺流程图

1—蒸发器；2—吸收器；3—冷凝器；4—浓缩器 / 发生器；5—工质循环泵 1；6—工质循环泵 2

（5）压缩式热泵工艺流程。

压缩式热泵工艺流程如图 4-6 所示。压缩式热泵技术是利用制冷剂在蒸发器中吸收低品位热能变为低压气体，然后进入压缩机，压缩成高温高压气体，再进入冷凝器向用户侧放热后变成低温高压液体，最后经过节流阀绝热节流后成为低温低压的制冷剂，制冷剂再流经蒸发器开始新的循环。

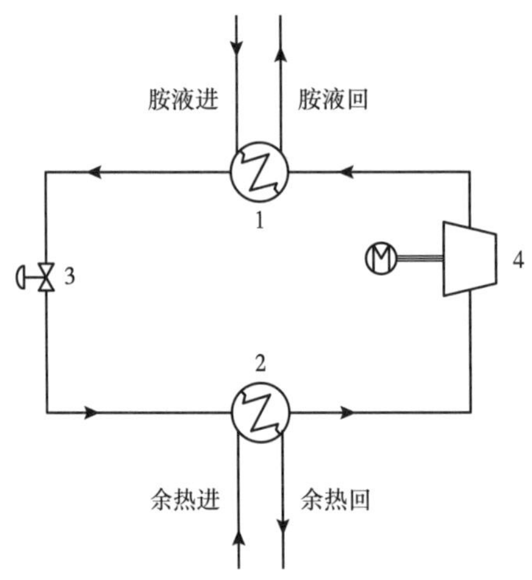

图 4-6　压缩式热泵工艺流程图

1—冷凝器；2—蒸发器；3—膨胀阀；4—压缩机

（6）MVR 工艺流程。

MVR 工艺流程如图 4-7 所示。MVR 技术是将解吸塔底贫胺液先经闪蒸罐低压闪蒸，再利用压缩机将闪蒸出的气体压缩升温升压后进塔。

（7）空冷水冷联合冷却工艺流程。

空冷水冷联合冷却工艺流程如图 4-8 所示。为了达到理想的吸收效果，一般贫胺液需要冷却到 40℃ 进入吸收塔继续进行吸收反应。而解吸塔顶气体也需要冷却到 40℃ 之后，液体回流。而常规流程中这两部分冷却都是采用循环冷却水作为冷却介质，为了节省冷却水消耗，该流程上述两股物流先经过空冷器冷却至 45~55℃，具体温度需要根据建设地气候温度最终确定。随后再进入水冷器冷却，进行精准控温，此流程可以极大节省冷却水消耗。

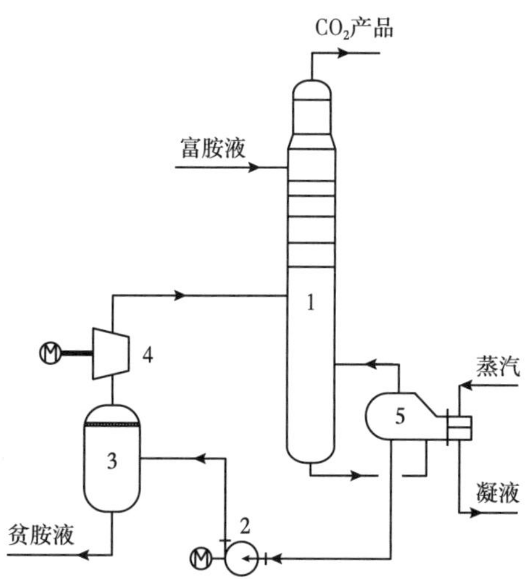

图 4-7　MVR 工艺流程图

1—解吸塔；2—贫液循环泵；3—闪蒸罐；4—蒸汽压缩机；5—再沸器

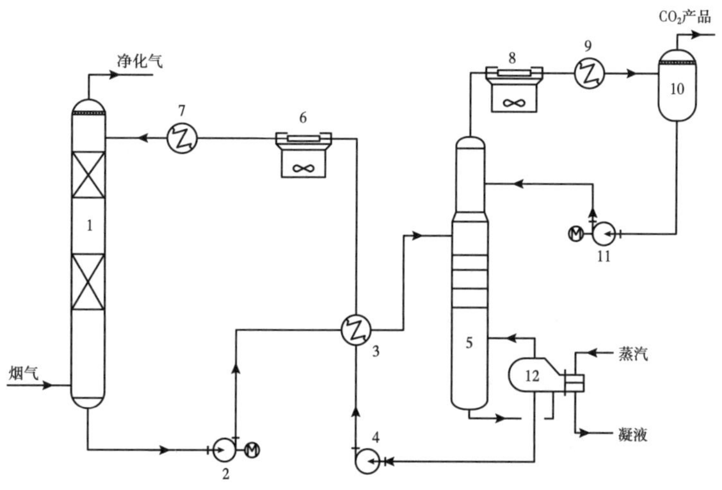

图 4-8　空冷水冷联合冷却工艺流程图

1—吸收塔；2—富液循环泵；3—贫富液换热器；4—贫液循环泵；5—解吸塔；6—贫液空冷器；7—贫液水冷器；8—产品空冷器；9—产品水冷器；10—气液分离罐；11—凝液循环泵；12—再沸器

（8）塔顶喷淋洗涤工艺流程。

塔顶喷淋洗涤工艺流程如图 4-9 所示。醇胺溶液吸收 CO_2 过程中，吸收塔吸收反应后的烟气会或多或少夹带胺液。该流程是在吸收塔顶部增加一段填料，并设置独立的液体喷淋和液体收集系统，利用循环低温水对吸收反应后烟气进行喷淋洗涤，极大地降低了排放烟气中胺液的夹带量。

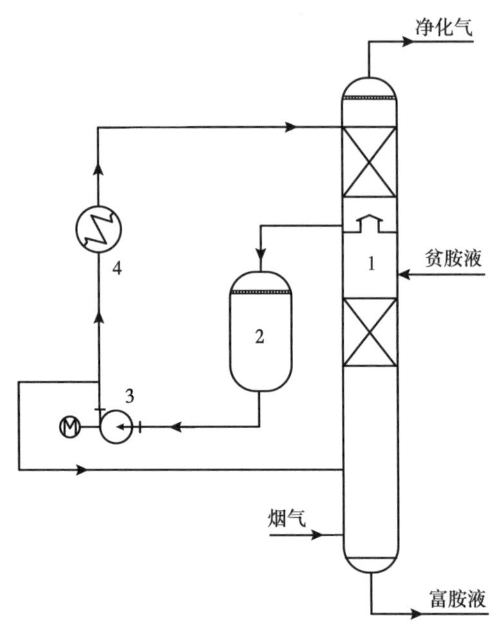

图 4-9　塔顶喷淋洗涤工艺流程图

1—吸收塔；2—洗涤液储槽；3—洗涤液循环泵；4—洗涤液冷却器

（9）高效除雾工艺流程。

为了进一步降低吸收塔顶烟气中液滴的夹带量，防止在排放口形成烟雨，在吸收塔烟气排放前设置高效除雾器，可以选择叶片式、填料式、管束式或组合型除雾器，通过设置高效除雾器 10μm 以上的雾滴去除率可以达到 100%，1μm 以上的雾滴去除率可以达到 98%，尽可能减少排放口烟雨的形成。

（10）烟塔合一工艺流程。

烟气 CO_2 捕集项目中，捕集完 CO_2 后的尾气有两个去处：一是去往原有烟囱排放；二是新建排放烟囱。当碳捕集装置和原有烟囱距离较远时，烟气再回到原有烟囱会带来烟道投资及占地面积的增加，同时还会带来阻力降的升高，所以此时应采用烟囱和吸收塔合二为一的烟塔合一流程方案，而吸收塔顶高的确定需要满足环保部门要求。烟囱高度可通过对 NO_x、SO_2 及烟尘进行计算对比得出，NO_x 排放浓度为烟囱高度计算的控制因素。以当地环保部门对污染物 NO_x 落地最大浓度限定值为控制目标，反算烟囱高度，一般大型烟气排放烟囱高度不宜低于 80m。

（11）胺液净化工艺流程。

胺液在 CO_2 吸收和解吸过程中，不可避免地受到高温、氧气及烟气杂质等多种因素的影响，而发生降解、氧化、腐蚀等问题，主要会生成甲酸根、乙酸根、氯酸根、铵根、二价铁等盐类，这些盐类将影响胺液对 CO_2 的吸收和解吸，同时对设备管道等有一定的腐蚀作用。胺液净化系统采用电渗析（ED）技术，电渗析是在直流电场作用下，利用阴、阳离子交换膜对溶液中阴、阳离子的选择透过性，使溶液中呈离子状态的溶质和溶剂分离的一种物理化学过程。由于离子交换膜具有选择透过性，阴离子交换膜只能让阴离子通过，阳离子交换膜只能让阳离子通过，而电中性的胺溶剂不会迁移。即胺液中淡水室的阴离子向阳极方向迁移，透过阴膜进入浓水室；阳离子向阴极方向迁移，透过阳膜进入浓水室，这样浓水室因阴、阳离子不断进入而使盐浓度提高，淡水室因阴、阳离子不断移出而使盐浓度下降，从而达到胺液净化的目的。采用胺液净化工艺流程，盐类去除率可达 95% 以上，并可以去除吸收剂中粒径大于 5μm 的杂质，有效延长吸收剂的使用周期，减缓设备腐蚀。

胺液净化技术是保障碳捕集装置长周期安全平稳运行的关键保障技术。烟气 CO_2 捕集装置的溶剂净化技术是攻关难点。由于该类装置在国内规模和示范时间尚短，胺液净化工艺多移植于传统脱硫工艺离子交换树脂等胺液净化技术，无法解决 CO_2 捕集装置胺液贫液负载高、杂质组分多变的难点，应根据溶剂体系特点，有效结合分离材料技术、过程强化技术、连续反应工艺设计等手段，形成高选择性、低“三废”排放的新型胺液净化工艺。

2. 技术特点

有机胺化学吸收法是目前国内外研究最多、最成熟的工艺技术。AEEA 复合醇胺溶液因其表现出的优异特性也被广泛研究应用，AEEA 复合醇胺溶液主要技术特点如下：

（1）AEEA 复合醇胺溶液吸收容量大。

经研究发现，结构中含有多个氮原子的有机胺比常规只含有一个氮原子的有机胺溶液能吸收更多的 CO_2，因此含有两个氮原子的 AEEA 二元胺对 CO_2 的吸收性能比常规的一元胺要更胜一筹。因 AEEA 结构中同时含有伯胺和仲胺，而根据两性离子反应机理可知，伯胺基团的孤对电子比较活泼，很容易与 CO_2 结合，形成两性离子，所以 AEEA 对 CO_2 吸收容量大。根据相关实验数据，AEEA 水溶液吸收 CO_2 的最大量可达到 1.12~1.35mol/mol（CO_2/AEEA）[4]。

（2）AEEA 复合醇胺溶液解吸热低，吸收速率、解吸速率快。

CO_2 捕集过程中，解吸能耗占比最大，而吸收剂的解吸热大小是决定因素。AEEA 复合醇胺溶液具有解吸热低的优点，几种常见吸收剂胺液解吸热数值见表 4-3。

表 4-3　常见吸收剂胺液解吸热值

名称	MEA	AEEA	MDEA
解吸热 /（kJ/mol）	90~115	70~90	50~80
吸收速率	快	快	极慢
解吸速率	慢	快	快

由表 4-3 可以看出，MDEA 解吸热最低，但其吸收速率极慢。MEA 解吸热高达 90~110kJ/mol，且解吸速率慢。而 AEEA 无论从解吸热还是吸收速率方面比较，都具有显著优越性。

（3）AEEA 复合醇胺溶液比热容低。

整个解吸能耗中，溶液升温显热部分的能量占整个解吸能耗的 15% 左右，而较低的溶液比热容将会带来解吸能耗的降低。表 4-4 对比了几种质量分数为 25% 的常规醇胺水溶液在 100℃ 时的比热容值，可以看出，AEEA 水溶液比热容值较低。

表 4-4　常见吸收剂水溶液比热容值

名称	MEA（25%）	AEEA（25%）	MDEA（25%）
水溶液比热容 /[kJ/（kg·℃）]	4.210	4.106	4.005

（4）AEEA 复合醇胺溶液解吸温度低。

为了降低解吸能耗，吸收剂的解吸温度高低也起到了非常关键的作用。表 4-5 对比了几种常见醇胺吸收剂的解吸温度范围，可以看出，AEEA 最佳解吸温度较其他两种胺液降低明显。

表 4-5　常见吸收剂解吸温度范围

名称	MEA	AEEA	MDEA
解吸温度 /℃	106~120	93~105	106~120

（5）AEEA 复合醇胺溶液温度范围宽泛。

实验研究表明，AEEA 复合醇胺溶液吸收 CO_2 后，自 60℃ 起就已经开始解吸，100℃ 为最佳解吸温度。由于是多元胺，活性位点较多，因此胺液释放 CO_2 的温度范围也比较宽泛。

（6）AEEA 复合醇胺溶液水溶性好。

醇胺溶液吸收 CO_2 的反应在液体中进行，由反应机理可以看出，首先是水发生离解反应、CO_2 水解反应，然后再与胺发生一系列反应，AEEA 极易溶于水，为溶液中的化学反应提供了必备而充分的反应环境。

（7）AEEA 复合醇胺溶液饱和蒸气压低。

吸收捕集过程中，醇胺溶液会挥发而随气体排出系统，导致醇胺溶液的溶剂损失量加大。因此在选择溶剂时，较低的饱和蒸气压是重点考察参数之一。表 4-6 列出了几种常见醇胺纯溶剂在 100℃ 下的饱和蒸气压数值，可以看出，AEEA 溶剂饱和蒸气压较低。

表 4-6　常见吸收剂饱和蒸气压

名称	MEA	AEEA	MDEA
饱和蒸气压 /kPa（绝）	6.4	0.122	0.318

（8）AEEA 复合醇胺溶液沸点高。

在 CO_2 吸收捕集流程中，尤其是解吸操作时，溶剂沸点与解吸操作温度间距越大，操作安全性、可控性就越强。表 4-7 列出了几种常见醇胺溶液的沸点，可以看出，AEEA 沸点较高，远离操作温度。

表 4-7　常见吸收剂沸点

名称	MEA	AEEA	MDEA
沸点 /℃	170.3	240	247.2

（9）AEEA 吸收剂闪点高。

在碳捕集装置工程实施阶段，需要根据胺液特性来确定装置的火灾危险性，闪点越低，危险性越高，装置的安全间距要求就会越大，占地面积就越大，使得整个项目的投资增加，可实施难度增加。表 4-8 列出了几种常见醇胺溶液的闪点，可见 AEEA 纯溶剂闪点较高。

表 4-8　常见吸收剂闪点

名称	MEA	AEEA	MDEA
闪点 /℃	96	130	126.7

（10）AEEA 复合醇胺溶液不易降解。

胺液降解主要是由于烟气中含有 SO_2、粉尘等杂质，以及氧化和热降解，降解生成的副产物会增加装置腐蚀和起泡现象 [3]，导致胺液吸收性能下降，损耗增加。AEEA 复合醇胺溶液本身具有一定的抗降解和抗起泡能力。而 AEEA 复合醇胺溶液捕集流程中又设置了预处理水洗塔，并添加了氢氧化钠等试剂对烟气进行降温和脱除杂质处理，同时整个解吸操作温度控制在较低水平，从而有效地抑制了降解反应的发生。

（11）AEEA 复合醇胺溶液腐蚀性低。

胺液降解副产物会加剧设备及管道腐蚀，造成装置投资增加。而 AEEA 复合胺液因其不易降解的特性，使得其腐蚀性也相应降低。

（12）AEEA 复合醇胺溶液适应性强。

基于 AEEA 复合醇胺溶液的 CO_2 捕集技术目前已经过工业验证，无论是洁净的制氢弛放气，还是复杂的水泥窑烟气，都表现出良好的稳定性，适应性能较强。

AEEA 复合醇胺溶液工艺技术特点如下：

（1）填料塔板式塔联合技术。

基于 AEEA 复合醇胺溶液的 CO_2 捕集装置吸收段采用填料塔，解吸段采用板式塔。由于 AEEA 复合醇胺溶液与 CO_2 的吸收反应较易发生，吸收速率快，因此吸收塔采用高性能规整填料，在比较低的压降下可以达到较好的吸收效果。而解吸塔因其内部不只是传统的汽提过程，还存在发生化学分解反应的过程，所以采用板式塔，增加反应时间，以达到较好的解吸效果。

（2）高效贫富液换热设备。

在整个碳捕集流程换热网络中，贫富液换热器承担的负荷量占比较大，约为 56%。通过此换热器实现吸收解吸流程中自有能量的充分利用，对整个流程能耗的影响非常重要。贫富胺液换热器的端差越小，贫胺液的温降就会越大，后端的冷却水消耗就会越少。同时，富胺液的温升就会越高，解吸塔的蒸汽消耗就会越少。经过计算，换热器端差每降低 5℃，蒸汽消耗减少 8%，冷却水耗降低 10%，所以端差小的换热器类型将是首选。在对比了管壳式、全焊接板式、板式等多种形式换热器之后，发现板式换热器端差最小，理论值低至 1~3℃，所以在基于 AEEA 复合醇胺溶液捕集 CO_2 的流程中推荐选用板式换热器。

（3）空冷水冷联合技术。

采用空冷器与水冷器串联工艺，可以有效降低约 50% 的冷却水消耗。环境温度低的地区节水效果更好，但是需要注意严寒地区冬季冻堵问题。

（4）热泵节能技术。

采用吸收式热泵技术，可以降低 10%~20% 的蒸汽用量，冷却水量也降低了 5%~10%。该技术操作温度低，无增加胺液降解损耗风险。而压缩式热泵技术的优点是节省蒸汽消耗，但缺点也非常明显，主要是电耗非常高，机械运转部件多，维护复杂，制冷剂对环境有害，高温高压蒸汽温度过高导致胺液降解量增大。

（5）吸收塔顶洗涤技术。

为有效降低吸收塔顶烟气中胺液夹带量，在吸收塔顶设置水洗段，通过水洗可以大幅度地降低塔顶 AEEA 吸收剂的损耗，保证了吸收效率，降低了运行成本。

（6）高效除雾技术。

采用高效除雾器可使 10μm 以上的雾滴去除率达 100%，1μm 以上雾滴去除率达到 98%，尽量避免烟囱排放口形成烟雨。

（7）烟塔合一技术。

烟塔合一技术既降低阻力降、节省电耗，同时也节省了烟道和风机的高额一次投资量，优势明显。

（8）MVR 技术。

MVR 技术可以明显降低解吸塔蒸汽消耗，但是其压缩机后升温至 150℃ 以上，极大地增加了胺液热降解的风险，并且电耗也较大。

（9）级间冷却工艺技术。

级间冷却工艺流程虽然在一定程度上降低了解吸塔蒸汽消耗，但是增加了冷却水耗和电耗，并且设备一次投资和占地面积也相应增大，实际在工程应用中需要根据公用工程单价来计算投资回报率，进而分析实际应用的可行性。

（10）废水再循环利用技术。

在燃煤烟气碳捕集全流程废水排放点中有两处可以循环再利用：一是预处

理塔釜排废，此处废水的主要成分为亚硫酸钠，其浓度低于 1%（质量分数）；二是压缩工段凝水排放，此股凝水也非常洁净。因此，将预处理塔排水送至前端的脱硫工段补水使用，而压缩凝水送至吸收解吸单元作为补水使用。通过上述处理，既可以减少污水处理厂的负担，又可以减少装置新水的补充量，降低运行成本。

3. 能耗、物耗指标

基于 AEEA 复合醇胺溶液吸收 CO_2 工艺装置的主要消耗包含循环冷却水、电、蒸汽和溶剂。消耗量的多少与气源浓度、温压及水含量的多少密切相关，尤其低浓度烟气装置的电耗随原料气浓度的波动变化幅度非常大。表 4-9 和表 4-10 分别给出了常规燃煤锅炉烟气和制氢弛放气 CO_2 捕集项目的消耗指标范围。

表 4-9 燃煤烟气装置水、电、蒸汽、溶剂消耗

参数	循环冷却水（30~40℃）消耗量 /（t/t CO_2）	电消耗量 / kW·h/t CO_2	蒸汽（0.3MPa）消耗量 /（t/t CO_2）	AEEA 复合溶剂消耗量 /（kg/t CO_2）
数值	100~140	60~110	1.1~1.5	0.3~0.5

注：燃煤烟气 CO_2 体积分数为 7%~13%。

表 4-10 制氢弛放气装置水、电、蒸汽、溶剂消耗

参数	循环冷却水（30~40℃）消耗量 /（t/t CO_2）	电消耗量 / kW·h/t CO_2	蒸汽（0.3MPa）消耗量 /（t/t CO_2）	AEEA 复合溶剂消耗量 /（kg/t CO_2）
数值	40~100	25~50	1.1~1.5	0.3~0.5

注：弛放气 CO_2 体积分数在 40% 左右。

4. 技术创新点

基于 AEEA 复合醇胺溶液捕集 CO_2 工艺技术主要创新点如下：

（1）该技术采用的贫富液载荷范围介于 0.2~0.7mol/mol（CO_2/AEEA），通过选取最佳的贫富液载荷，减少了吸收和解吸过程的综合能耗及一次投资。

（2）选择了比较低的解吸温度，既降低了解吸蒸汽消耗，又减少了电及冷却水的消耗。

（3）填料塔和板式塔的组合方式，是契合了 AEEA 复合醇胺溶液与 CO_2 吸收和解吸反应特性的最优组合。

（4）在碳捕集项目中采用板式换热器极大地降低了装置能耗，经过工业验证，效果非常好。

（5）吸收式热泵技术的采用，打破了传统认知，充分利用余热资源，节省能耗。

（6）烟塔合一技术，通过流场模拟优化设计烟塔结构，既节省了设备投资和占地面积，又减少了施工量和施工难度。

四、关键工艺设备

1. 塔器

预处理塔和吸收塔采用高效规整金属填料塔，通过填料提供较大的接触面积，有效提高了填料的处理能力，缩短了塔器直径。通过填料结构优化，使两层填料接触面间气液相间相互作用的剪应力和压降降低，从而降低了过早液泛的可能，消除了局部瓶颈，确保在较低的压降下获得最佳的吸收分离性能。该填料除了压降低、处理能力高外，其机械强度、抗腐蚀性能也非常高。

解吸塔采用板式塔结构，结合筛板塔和浮阀塔优势，对塔盘形式进行优化设计，优化阀孔尺寸为最佳，既要改善气液相的接触环境，使得气相与液相接触泡沫层高度降低，减少雾沫夹带，又要提高抗堵塞性能，最终达到较高的处理能力和分离效率。尤其针对大型二氧化碳捕集工程的超大型塔器，不合理的设计会造成板式塔液面梯度过大、板上溢流强度过大而使得气液分布不均匀、气液返混等严重问题，可以采用六溢流、八溢流等多溢流塔盘，通过严格的水力学计算，控制塔盘流程长度合理、板上溢流强度合适，保证多溢流塔盘均布，提高传质效率，实现超大型塔器的实际工程顺利实施。

无论是填料塔还是板式塔，气液均布器的结构设计至关重要，尤其是低浓度烟气的大型化装置，可以更好地发挥大型塔器填料或塔板效率。通过优化设计液体分布器的分布流道，精确控制液体分布，同时避免液体在逐级分布时的正面撞击引起液滴夹带，确保在较高的气相负荷下操作。通过增设导流板等措施真正实现液体在填料层表面的点分布变为线分布，使整个喷淋覆盖区域都能获得均匀液量。优化液体排出孔径及液体排出方向，增强抗堵性能，降低气流阻力。气体分布器可以采用切向环流式、多向叶片式、流线型叶片环流等，或综合各种形式气体分布器的优点优化分布器结构设计，在保证气体均匀分布的同时还要有利于气液混合物的分离，防止夹带，同时降低分布空间高度，减小阻力。

对于大型碳捕集装置，尤其超大型塔器，为了保证塔盘或填料的传质效率能够充分发挥，塔盘、液体分布器、填料等的水平度偏差要求都必须小于10mm，甚至更小。塔器内件的支撑结构设计非常关键，是装置能否成功开车的决定因素。对于中小型塔器，支撑件可以采用工字钢横梁、槽钢横梁等常规结构；而对于超大型塔器，上述形式已经无法满足要求。因此，采用桁架支撑结构，通过桁架梁与支撑构件形成三角形稳定结构，提高支撑梁的强度，减小整体挠度，将整体水平度偏差控制在 5mm 以内。

2. 贫富胺液换热器

贫富胺液换热器的性能优劣直接影响整个碳捕集装置的能耗水平，低端差的高效换热器是不二之选。从目前可工程化实施的技术水平来看，板式换热器是首选，并且经过工业验证效果较好。未来，随着在高效换热器领域的不断探索和研究，期待更高效的换热器工程化应用。届时，整个碳捕集装置的能耗还会进一步降低。

3. 解吸塔釜再沸器

塔釜再沸器给整个解吸反应提供热量，其性能是否优越，运行是否稳定，操作维修是否方便，都会影响整个装置的运行。再沸器一般分为釜式再沸器、热虹吸再沸器、强制循环再沸器等。强制循环再沸器需要靠泵的压头提供能量来保证循环，增加了电耗及设备投资。基于 AEEA 复合醇胺溶液的碳捕集项目可以采用釜式再沸器或热虹吸式再沸器。热虹吸式再沸器通过液体受热后产生的密度差实现运转，对介质物性数据敏感。随着世界各国“双碳”进程的推进，胺液技术的研究工作也在不断推进，即使是 AEEA 复合醇胺溶液，也会不断地更新升级配方，以达到更低的消耗指标，所以热虹吸式再沸器在溶剂的升级替代方面适应性稍差。因此，在实际工程应用中，需要从长远发展角度考虑，采用釜式再沸器提供热量。釜式再沸器结构简单，传热面积大，汽化率高，维修和清洗方便，操作弹性大，尤其是对物料性质变化的适应性高。

五、主要污染物及处理

基于 AEEA 复合醇胺溶液捕集 CO_2 工艺流程主要污染物包括吸收后的废气、胺液净化后的废水和噪声污染。

胺液净化后的废水主要是热稳定盐废水，含有甲酸根离子、乙酸根离子和硅铁钠离子，含盐量通常为 5%~10%。COD 为 5000~10000mg/L，氨氮在 1000mg/L 左右。废水量不大，一般送往污水处理厂处理即可。

燃煤烟气的吸收尾气中主要污染物为有机胺挥发带来的 VOCs，以及原有烟气中的 NO_x。AEEA 胺液挥发带来的 VOCs 浓度会随着烟气中 CO_2 浓度变化，烟气 CO_2 浓度越高，VOCs 浓度也会越高，一般在 40~100mg/m^3 之间，小于规范中污染物非甲烷总烃排放限值 120mg/m^3 的要求。燃煤锅炉烟气经过超低排放后的 NO_x 浓度一般为 40~50mg/m^3，经过碳捕集后，烟气总量减少导致 NO_x 浓度上升，会超出超低排放指标要求的小于 50mg/m^3。对于此种情况，建议相关部门按照总量考核，或者对前段脱硝工序进行相应的改造，以降低烟气进碳捕集装置的 NO_x 浓度。而制氢弛放气在碳捕集之后的吸收尾气同样会有 VOCs 的增加，但此股气体因富含甲烷、一氧化碳等物质，需要继续进入制氢装置转化炉处理。

碳捕集装置的噪声污染主要来自机械泵和风机类等动设备，噪声为 85~100dB(A)。对于机械泵和小型风机，通过设置消声器可以降低噪声至 85dB(A)

以下；而对于大型碳捕集装置，一般风机功率较大，噪声较高，需要增设隔音罩等措施，以控制噪声低于 85dB（A）。

六、节能技术和节能设备

AEEA 复合醇胺溶液化学吸收法捕集 CO_2 工艺通过采用各种节能技术，利用高效的节能设备可以有效降低公用工程消耗。目前主要的节能技术有吸收式热泵技术、压缩式热泵技术、MVR 技术、凝液再利用技术，以及高效换热设备选取技术等，都可以达到降低蒸汽或循环冷却水消耗的目的。但部分技术在降低蒸汽消耗的同时，也可能发生因为局部温升过高导致的胺液降解增加的问题。捕集流程中塔器内件的选择也很关键，采用高效的塔内件将大幅降低塔器阻力降，从而降低装置电耗。而预处理系统风机前置和后置方案也会影响电耗，同时对捕集装置稳定性产生影响。另外，风机前后置方案还要受到原有系统设计工况条件的制约。因此，在众多的节能技术和设备中还需要具体分析其优缺点和适应性，根据项目具体实际情况，从能耗、物耗、投资等各方面综合考虑，最终选取适合具体项目的最优方案。

七、技术应用情况及效果

基于 AEEA 复合醇胺溶液捕集 CO_2 工艺装置的工程应用案例较多，应用效果较好。各装置的胺液性能比较稳定，溶剂损耗小，解吸能耗较低，且操作简单，维护量小，能够连续稳定运行多年。

由新疆敦华绿碳技术股份有限公司建设、中国昆仑工程有限公司设计及 EPC 总包的克拉玛依气体净化厂项目，基于 AEEA 复合醇胺溶液对变压吸附弛放气 CO_2 进行捕集。该装置以实验室数据为基础，未经中试验证而直接进行工程化实施应用，于 2016 年建成并一次开车成功，其产能为 10×10^4t/a 工业级液体 CO_2，产品用于驱油，至今已平稳运行 7 年。装置气源来自克拉玛依石化的变压吸附弛放气，因采用了高效的 AEEA 复合醇胺溶液，同时采用了中国昆仑工程有限公司的流程优化技术，解吸单元蒸汽消耗低至

1.1t/t CO_2，循环冷却水消耗低至 40t/t CO_2，电耗小于 40kW·h/t CO_2，溶剂消耗小于 0.3~0.4kg/t CO_2。克拉玛依 10×10^4t/a 碳捕集装置如图 4-10 所示。

图 4-10 克拉玛依 10×10^4t/a 碳捕集装置

同样是由新疆敦华绿碳技术股份有限公司建设、中国昆仑工程有限公司设计的另一套基于 AEEA 复合醇胺溶液对变压吸附弛放气 CO_2 进行捕集的项目是库车节能与环境一体化工程项目，该项目于 2020 年在新疆库车建成并投产，其产能为 10×10^4t/a 工业级液体 CO_2，产品同样用于驱油。该装置在克拉玛依捕集项目的基础上进一步优化流程，并利用了炼厂的低温余热联合节能，综合能耗进一步降低，解吸蒸汽消耗仅为 0.3t/t CO_2。库车 10×10^4t/a 碳捕集装置如图 4-11 所示。

世界首条水泥窑烟气 CO_2 捕集纯化装置由海螺集团建设，采用大连理工大学 AEEA 复合醇胺溶液进行烟气 CO_2 捕集与提纯工业化技术。该项目于 2018 年 10 月投产，产品纯度达 99.97%，超过工业级 CO_2 国家标准，目前生产销售的工业级 CO_2 纯度已达 99.99%。海螺水泥白马山水泥厂烟气 CO_2 捕集纯化装置（5.0×10^4t/a 工业级产品和 3.0×10^4t/a 食品级产品）的顺利开车，标志着以 AEEA 复合醇胺溶液为吸收剂的 CO_2 捕集技术在复杂的水泥烟气上的成功应用。该装置目前仍稳定运行，各项性能指标优越。

图 4-11　库车 10×10^4t/a 碳捕集装置

2022 年 9 月 27 日，河南安阳顺利环保科技有限公司 CO_2 加氢制绿色低碳甲醇联产 LNG 装置建成并顺利投产。该装置利用顺成集团富氢富甲烷的焦炉煤气与从工业废气中捕集的 CO_2 合成甲醇联产 LNG。CO_2 捕集技术采用 AEEA 复合醇胺溶液化学吸收法，目前运行良好。

第二节　相变吸收复合醇胺溶液碳捕集技术

一、技术适用范围

化学吸收法是目前工业上 CO_2 捕集应用的主要技术，胺类吸收剂是化学吸收法的重要组成部分。传统的胺类吸收剂具有以下特性：

（1）醇胺水溶液的黏度同有机胺浓度呈正相关，高浓度的醇胺溶液不仅容易挥发，还会增大液体黏度，所以实际工业上使用的胺类吸收剂的质量分数多介于 20%~30%[5]。

（2）有些醇胺溶液容易受 O_2 影响进而发生氧化降解，生成酸等副产物，增大设备、管道腐蚀，增加运行成本。

（3）富集 CO_2 富胺液再生温度较高，解吸能耗不仅包含 CO_2 解吸热，还有胺液中水的潜热和胺液的显热升温，增加了能量消耗。以 MEA 为例，MEA 水溶液的再生能耗占碳捕集能耗的 58%~80%[6]。

以烟气为代表的低浓度 CO_2 捕集的成本比较高，而降低碳捕集能耗的关键是降低 CO_2 解吸系统的能耗。解吸系统中的能耗主要分为几部分：富胺液解吸出 CO_2 的反应热；富胺液的显热升温；胺液中水的汽化热。就目前实际应用来看，有效的能量消耗，即富胺液的反应热仅占解吸系统能耗的 40%~60%。为降低碳捕集装置的能耗，特别是降低解吸设备的能耗，从胺类吸收剂角度看，选用或研究反应热低的醇胺吸收剂，高沸点的吸收剂也可以减少胺液的潜热损失，从工艺流程考虑，大致有两个降低能耗的思路：

（1）研究新型复合醇胺溶液吸收剂。该类吸收剂具有解吸速率快、贫液荷载低、吸收负载高等特点，通过提高胺液的循环负载、降低胺液的循环量，以减少不必要的胺液显热升温，实现节能的效果；另外，新型胺液吸收剂沸点高，解吸反应热低，同样有助于解吸系统能耗的大幅降低。

（2）研究新型相变吸收剂。该类吸收剂吸收 CO_2 发生分相，富集 CO_2 的集中在一相，降低了去解吸系统再生的胺液量，减少了显热升温带来的热损失；并且富胺液的吸收剂浓度较高，复合醇胺溶液的沸点升高，降低了溶剂的汽化热而增加的热损失，进一步实现节能降耗的目的。

1. 相变吸收剂物质特性

顾名思义，相变吸收剂就是胺类吸收剂捕集 CO_2 后发生相变，吸收剂由均衡相变为清晰分明的两相（液液或者液固）。相变吸收剂的相变模式主要分为两种[7, 12]：一种是相变吸收剂吸收 CO_2 后就发生分相，经过贫富相分离，仅将富相送去解吸系统再生；另一种是相变吸收剂吸收 CO_2 后仍为均衡相，经换热器进入解吸塔，再生时发生分相。相变吸收剂根据分相后的介质相态，可以分为液液分相和液固分相。

关于液固相变吸收剂的研究不多，已见报道的有冷氨水溶液、氨基酸盐溶液、K_2CO_3 溶液及非水溶剂的胺类等[12]。该类吸收剂吸收 CO_2 后从低黏度流体转变为固体，CO_2 吸收速率和吸收容量明显提高。为了后续解吸，需要配套特定喷雾反应系统作为解吸系统。此外，该类吸收剂多为无水吸收剂，溶剂多采用挥发性较高的醇类，需要增加额外的 VOCs 回收设备，增加了设备投资和运行能耗。目前研究较多的是液液分相，本节所指相变吸收剂默认为液液相变吸收剂。

根据 Raynal 等的研究[6]，相变吸收剂可以按照发生相变的原理大致分为两类，即基于盐析效应形成的相变吸收剂以及助溶效应形成的相变吸收剂。

盐析效应指加入无机盐后，使得物质的溶解度降低的一类现象。基于盐析效应而成的相变吸收剂，其典型特征就是其中的醇胺可以与 CO_2 发生明显的化学反应，生成氨基甲酸盐，典型代表就是 MEA[9]。相变吸收剂多为复合吸收剂，除了醇胺和水外，往往还要增加醇类物质，保证分相效果。基于盐析效应形成的相变吸收剂，其主要组分大致分为醇胺 + 醇 + 水，醇胺同 CO_2 的反应可以视为一种成盐反应，利用盐析效应使得盐水溶液同醇发生相变分离。目前研究较多的相变吸收剂多为这一类型。虽然送往解吸系统的富胺液体积有所减少，但是富胺液中的多为稳定的氨基甲酸盐，碳酸氢盐比例不高，容易造成较高的解吸能耗和较低的再生效率。

某些醇胺同 CO_2 反应生成的盐结构不同，例如，MDEA 捕集 CO_2 形成的吸收产物多为碳酸氢盐，而非稳定的氨基甲酸盐，成盐组分的差异也导致盐析效果不理想，进而使得醇胺不能通过盐析效应发生相变。北京化工大学从醇胺物质的分子组成着手，开展了新型相变吸收剂的设计研究[10-11]。由于醇胺类分子组成中既有疏水基团（如烃基），又有亲水基团（如羟基和氨基），这就使得醇胺物质发挥助溶作用，可以将水和与之不互溶的有机溶剂以均相的形式存在。当醇胺吸收 CO_2 后，助溶醇胺的减少导致均相混合物出现分相现象。该类相变吸收剂的主要组成为醇胺（如 MDEA）＋与水不互溶的有机溶剂＋水。

由于 MDEA 与 CO_2 的反应产物是碳酸氢盐，相较于 MEA 等与 CO_2 的反应产物是稳定的氨基甲酸盐，MDEA 的 解吸能耗大幅降低，但是其吸收速率和吸收荷载都较低。基于 MDEA 的相变吸收剂的研究要使复合胺实现扬长避短的效果。为保证 MDEA 复合胺的分相效果，需要加入有机溶剂。还可以向复合吸收液中增加活化剂，该类活化剂具有快速同 CO_2 发生成盐反应的特性。研究表明，有机溶剂及活化剂的加入，既提高了富胺液捕集 CO_2 的反应速率，也可以增加富胺液的 CO_2 吸收荷载。但是要考虑分相后富胺液的黏度增大，导致反应传质、传热难度增加的解决方案。

2. 相变吸收剂碳捕集流程特性

相变吸收剂的典型特征就是分相，富集 CO_2 相在下相，下相的黏度增大，分子运动减缓，吸收速率下降。有实验证实[5]，相较于 30%MEA 溶剂，相变后的下相黏度可以增到原有黏度的 10~20 倍。黏度高是大部分相变吸收剂的共性，不同的相变吸收剂下相的黏度差异也比较大，例如，MEA ＋正丙醇＋水相变吸收剂体系下相的黏度可以达到 77mPa·s，而 MDEA+ 正丁醇 + 水相变吸收剂体系的下相黏度则为 19.75mPa·s。

由于相变吸收剂吸收 CO_2 后生成的产物主要在下相，除了黏度大，下相的 CO_2 荷载也很大，据报道，下相 CO_2 荷载介于 2~5mol/kg 胺液。醇胺浓度、CO_2 负载量、温度和有机溶剂浓度等都会使反应过程中的盐浓度发生变化，进而影响各个组分在上、下相的分布，随着盐浓度的增大，有机溶剂更多地富集在上相。

相较于传统的胺类化学吸收流程，采用相变吸收剂的化学吸收技术需要根据吸收剂的特性，对吸收流程和解吸系统进行适当的调整。由于相变吸收剂多为吸收 CO_2 后即发生分相，因此需要在吸收装置（吸收塔）后增加分相器，将上、下相充分分离，然后将富集 CO_2 的富胺液送入解吸系统再生，贫液相则可以返回至吸收系统继续碳捕集。传统流程解吸系统多采用解吸塔，但是分相后的富胺液黏度大，传统塔器传质、传热困难，有研究采用新型系统进行解吸，如膜解吸、超重力反应器等。但是这类新型 CO_2 解吸系统尚无工业应用报道。

由于相变吸收剂化学吸收技术还尚处于研究阶段，中国昆仑工程有限公司等多家单位仍在中试研发，为技术的工业化推广做出了有效的尝试。分相后的上相吸收剂和下相吸收剂，两者具有不同的醇胺浓度和 CO_2 荷载，为了进一步提高相变吸收剂的吸收能力，可以考虑双塔方案，即将分相后的富胺液再次吸收 CO_2，由于该相吸收剂的醇胺质量分数较高，有利于吸收反应的进行。

二、国内外技术现状

目前尚没有相变吸收剂在 CO_2 捕集工业装置应用的相关报道。相变吸收剂吸收 CO_2 后具有显著的分相效果，使得进入解吸系统的富胺液流量大大降低，节能效果显著，日益受到关注，针对相变吸收剂的中试装置也多见诸报道。

基于盐析效应和助溶效应等研发的众多相变吸收剂体系，由于下相的黏度高，给气体传质带来很大的影响，适用于相变吸收剂的新型解吸系统也是一个研究重点。膜解吸系统就是其中很好的解决方案，通过膜闪蒸实现 CO_2 的高效解吸；设备体积小，操作简单；设备比表面积大，气液传质系数好，膜解吸设备易于放大。

相变吸收剂与传统的胺类吸收剂相比具有先天的优势，通过降低进入解吸系统的吸收剂用量，实现节能降耗的目的。但是，针对现有的相变吸收剂，仍有三个问题需要解决：一是相变吸收剂分相后的富相比例仍然较高，现有研究富相比例大多介于 40%~70%；二是富相的解吸能耗，富相中 CO_2 荷载比较大，生成盐也以氨基甲酸盐等稳定组分为主，解吸反应热比较高，降低解吸反应热应是下一步研究的重点；三是富相的黏度太大，传热传质困难。

进一步降低富相比例是下一步相变吸收剂的发展方向，也是目前相变吸收剂研究的主要内容。有研究者给出的一个解决方案就是无水相变吸收剂，传统相变吸收剂使用的醇类物质在相变吸收剂中可以起到促进吸收及有利分相的作用。但是相比于水，醇类物质的低沸点会导致溶剂挥发，降低再生效率，解决方案是用环丁砜替代醇类物质。水溶性的复合相变吸收剂，CO_2 吸收产物中必定含有氨基甲酸盐，再生温度也较高，在 105~120℃ 之间。而无水相变吸收剂，吸收产生的氨基甲酸盐可以快速转化为烷基碳酸盐，后者同碳酸氢盐一样容易水解，反应热低，并且无水相变吸收剂的反应温度也不高，可以在 75~80℃ 的条件下实现 90% 以上的再生效率。

进一步降低富相的黏度是相变吸收剂研究的难点。研究表明，相变吸收剂中黏度提升的主要原因是氢键的生成，随着富相生成的氨基甲酸盐浓度的提高，会导致吸收剂黏度的快速增加。因为相较于碳酸氢盐，氨基甲酸盐两两之间生成氢键的数量要大于碳酸氢盐。并且碳酸氢盐作为不稳定盐，其解吸反应的能耗也比氨基甲酸盐低得多。因此，如果能够提高相变吸收剂富相中碳酸氢盐的浓度，不仅可以降低富相的黏度，还可以进一步降低解吸的能耗，最终的结果都是继续降低碳捕集的投资成本和运行成本。

近几年另一个研究重点是催化辅助再生。该技术的原理是通过向吸收剂中增加催化剂，如纳米复合材料、沸石及金属改性混合物等，借助催化剂的高比表面积和活性位点，促进氨基甲酸盐的水解，降低富胺液的再生温度，提高再生效率，降低解吸能耗和运行成本。将辅助再生技术同相变吸收剂耦合，可以充分发挥两者的优势，有助于实现低能耗碳捕集。

围绕相变吸收剂的工业应用，特别是在低浓度 CO_2 烟气中的应用，还有很多工作要去验证和开展。例如，针对烟气中 O_2、SO_2 等组分对于相变吸收剂的影响，还有实际解吸过程中高温对相变吸收剂带来的热降解，以及吸收塔后高效分相器的选型设计等。

三、相变吸收复合醇胺溶液工艺技术及特点

1. 工艺技术

1）相变吸收剂的反应原理

传统的醇胺类吸收剂捕集 CO_2 原理为在有水参与的条件下，醇胺吸收 CO_2 反应产生碳酸氢盐；无水时，伯胺和仲胺与 CO_2 反应生成氨基甲酸盐。

以水为溶剂的有机胺溶液捕集 CO_2 后，由于水的沸点较低，在解吸过程中，水大量蒸发需要较大解吸能耗。相变吸收剂是选用一种综合吸收性较优的有机胺为主吸收剂，并添加有机溶剂来完全或部分替代水作为溶剂和分相促进剂，相变吸收剂吸收 CO_2 前呈均相，在吸收 CO_2 后吸收剂发生液液分相。而后只需

将 CO_2 富相送至解吸系统进行解吸，贫相直接送回吸收塔循环，可以有效减少解吸能耗。

该技术于 2007 年被美国的 Hu Liang 首次提出并申请专利，尽管在其专利实施例中未给出吸收剂组成，但其富液相 CO_2 负载为 0.144~0.2g/g（CO_2/ 胺液），是 MEA 吸收剂的 4~6 倍[5]。随后，法国 IFP Energies nouvelles 开发了 DMX™ 吸收剂及配套的工艺流程。结果表明，此相变吸收剂解吸反应热接近 60kJ/mol，在一定条件下，解吸能耗从 30%MEA 的 3.7GJ/t CO_2 下降至 2.1~2.3GJ/t CO_2[7]。挪威的 Svendsen 等对二乙氨基乙醇（DEEA）+3- 甲氨基丙胺（MAPA）相变化吸收剂进行大量研究，中试结果表明，再沸器温度为 107~117℃时，吸收剂的解吸能耗为 2.2~2.4GJ/t CO_2[7-8]，优于传统吸收剂的 4.1GJ/t CO_2。清华大学的王淑娟课题组和陈健课题组分别开发了 1，4- 丁二胺（BDA）+DEEA 和二乙烯三胺（DETA）+ 环丁砜相变吸收剂。浙江大学的施耀课题组和方梦祥课题组分别开发了三乙烯四胺（TETA）+ 乙醇和 *N*，*N*- 二甲基环己胺（DMCA）+ 多级胺相变吸收剂。

相变吸收剂具有解吸能耗低的优势，为了进行工业化推广，亟须开发基于工业常用胺的兼具良好的吸收—解吸性能和低再生能耗的相变吸收剂。

有学者基于盐析效应对一些工业上常用的醇胺进行了相变吸收剂的研究开发。盐析效应是通过向有机物水溶液中加入无机盐，从而实现水溶性有机物与水的分离。发生盐析的主要原因是去水化，以无机盐为盐析剂分离有机物为例，无机盐阳离子的水合作用使水溶液中的自由水减少，导致溶液中有机物的有效浓度增大，同时无机盐的加入使得溶液极性增强、介电常数降低，有利于极性较弱的有机物相互缔合而析出。将胺与 CO_2 反应视为成盐反应，利用盐析效应，以工业上常用的 MEA 为吸收剂主要成分开发了 MEA+ 有机溶剂 + 水的三元体系相变吸收剂[5]。

MEA 与 CO_2 的反应产物［式（4-19）］可视作一种 MEA 盐。在 MEA+ 有机溶剂 + 水体系中，随着吸收反应的进行，MEA 盐浓度逐渐升高，盐析效应增强导致体系中自由水减少，有机溶剂的有效浓度随之增大直至达到饱和溶解度而析出，最终形成液液分相。

$$CO_2+2HOCH_2CH_2NH_2 \rightleftharpoons HOCH_2CH_2NH_3^+ + HOCH_2CH_2NHCOO^- \quad (4-19)$$

实验研究报道了相变吸收剂形成的机理和形成液液两相的规律，应用胺的盐酸盐代替胺与 CO_2 反应生成的 $MEACOO^-$，构建胺的盐酸盐＋有机溶剂＋水体系，分析有机溶剂种类、有机溶剂浓度和温度对 MEAHCl+ 有机溶剂 + 水体系物质在两相分布的影响规律，当盐＋有机溶剂＋水体系形成分相时，普遍认为是加入盐与有机溶剂争夺水的结果。盐的离子优先与水发生水合作用，将游离的水分子束缚在其周围，同时有机溶剂结合另一部分水，当自由水减少时，有机溶剂分子之间结合形成团簇，最终分相。在这个过程中，盐—水、盐—有机溶剂、水—有机溶剂都会有相互作用，这些相互作用由于有机溶剂种类和盐种类的不同而不同，这是造成不同有机溶剂产生不同分相现象的原因。一般认为有机溶剂的极性或介电常数越大，其与水的相互作用力越大，越不容易形成分相；其次，应用 MEAHCl、DEAHCl 和 TEAHCl 代替胺与 CO_2 反应生成的盐考察了胺结构和胺盐浓度对胺的盐酸盐＋有机溶剂＋水体系物质在两相分布的影响规律；最后，利用以上基本规律开发了一系列组成为 MEA ＋有机溶剂＋水的相变吸收剂，并实现了相变吸收剂的性能优化。

实验研究证明，MEA 相变吸收剂的吸收速率均大于相同浓度下 MEA 水溶液，在最优配比下 CO_2 循环处理量为 2.59mol/kg（CO_2/ 胺液），较 30%MEA 提高了 40%[10]。

但不同胺与 CO_2 反应生成的盐结构不同，其盐析效果也不同，如 MDEA 等胺不能通过盐析效应形成相变吸收剂。

考虑到胺同时具有羟基和氨基亲水基团以及甲基和乙基等亲油基团，可将胺视为一种助溶剂，在吸收 CO_2 前通过胺的助溶效应可使与水不互溶有机溶剂和水形成均相，当吸收 CO_2 后，作为助溶剂的胺的量减少，使原本与水不互溶的有机溶剂与水形成液液两相。

MDEA 作为工业中常用的三级胺，其吸收容量大、解吸反应热小、化学稳定性好、腐蚀性小，加入添加剂后可以提高其与 CO_2 反应吸收速率。以 MDEA 为主吸收剂的相变吸收剂的开发很有发展前景。MDEA 与 CO_2 的反应式如下：

$$CO_2 + 2MDEA + H_2O \longrightarrow \left[MDEAH^+\right]_2 \cdot CO_3^{2-} \tag{4-20}$$

$$CO_2 + \left[MDEAH^+\right]_2 \cdot CO_3^{2-} + H_2O \longrightarrow 2MDEAH^+ + 2HCO_3^- \tag{4-21}$$

由于 MDEA 具有亲水的醇羟基和氨基，同时具有亲油的烃基，当水溶液中存在 MDEA 时，MDEA 可以增大直链醇在水中的溶解度，使 MDEA+ 直链醇 + 水体系在特定配比下的混合物为均相。实验筛选了基于 MDEA 的相变吸收剂，吸收剂组成为 MDEA+ 与水不互溶有机溶剂 + 水，MDEA 的浓度为 30%（质量分数），有机溶剂的浓度在 0~100%（质量分数）范围内，在 30℃ 条件下进行 CO_2 的吸收实验，标准是吸收 CO_2 前为均相，吸收 CO_2 后形成液液两相，筛选结果见表 4-11。

表 4-11　MDEA+ 与水不互溶有机溶剂 + 水体系筛选结果

有机溶剂在溶液中的浓度 /%（质量分数）	正丁醇		正戊醇		正己醇	
	吸收前	吸收后	吸收前	吸收后	吸收前	吸收后
0	√	√	√	√	√	√
14.28	√	×	×	—	×	—
28.57	√	×	×	—	×	—
42.86	√	×	×	—	×	—
57.14	√	×	×	—	×	—
71.43	√	×	√	×	×	—
85.71	√	√	√	×	√	×
100	√	√	√	√	√	√

由表 4-11 可以看出，对于 MDEA+ 正丁醇 + 水体系，当正丁醇在溶剂中的浓度为 100% 时，吸收剂吸收 CO_2 前全部为均相，当正丁醇在溶剂中的浓度为 14.28%~71.43%（质量分数）时，吸收剂吸收 CO_2 后形成液液两相，所以可被视为相变吸收剂；对于 MDEA+ 正戊醇 + 水体系，只有当正戊醇在溶剂中浓度为 71.43%~85.71%（质量分数）时，吸收剂吸收 CO_2 前均相，吸收 CO_2 后形成液液两相，所以吸收剂在以上组成时可被选为相变吸收剂；而对于 MDEA+ 正己醇 + 水体系，仅有当正己醇在溶剂中浓度为 85.71%（质量分数）时，吸收剂吸收 CO_2 前均相，吸收 CO_2 后形成液液两相。

其原因在于，在一定配比下吸收 CO_2 前通过胺的助溶效应可使与水不互溶有机溶剂和水形成均相，在吸收 CO_2 过程中，MDEA 与 CO_2 反应生成 $MDEAH^+$ 和 HCO_3^-，助溶剂逐渐减少，使原来借助助溶剂与水互溶的正丁醇、正戊醇和正己醇从水溶液中析出，使吸收剂变浑浊；当吸收 CO_2 至饱和后，助溶剂胺的量减少，使原本与水不互溶的有机溶剂与水形成液液两相，此时物质在两相的分布受助溶剂浓度和 MDEA 与 CO_2 反应生成的盐浓度影响。其中，当吸收剂组成为 MDEA+ 正己醇 + 水时，相变吸收剂的能力最强，相变吸收剂组成范围最广。

吸收剂的物性是吸收解吸工艺过程设计的基础，实验研究了不同配比下 MDEA ＋正丁醇＋水相变吸收剂在吸收 CO_2 前的黏度和表面张力，以及吸收 CO_2 后上下液相密度和下液相黏度。

研究发现，20℃时正丁醇的黏度为 2.59mPa·s，大于水的黏度，在吸收 CO_2 前，随着正丁醇在溶剂中浓度的升高，吸收剂的黏度增大，最大黏度为 8.25mPa·s。少量的正丁醇使 MDEA ＋正丁醇＋水相变吸收剂的表面张力低于 MDEA 水溶液，正丁醇在溶剂中浓度的增大对吸收剂表面张力的影响较小，而 MDEA ＋正丁醇＋水相变吸收剂表现出的低表面张力有利于吸收剂在吸收塔填料上铺展，有利于传质。

在吸收 CO_2 后，随着吸收剂中起始正丁醇浓度的升高，相变吸收剂上液相密度变化不大，接近 0.85g/mL；下液相密度逐渐增大，且均大于 1.05g/mL；上下液相密度差大于 0.2g/mL，相分离操作易于进行。起始正丁醇浓度升高，下液相黏度增大，黏度最大值达到 19.75mPa·s。

实验研究表明，MDEA ＋正丁醇＋水相变吸收剂具有更高的 CO_2 吸收速率和 CO_2 循环处理量，在 30℃ 吸收、80℃ 解吸条件下，当正丁醇浓度为 71.43%（质量分数）时，相变吸收剂的 CO_2 循环处理量可以达到 2.48mol/kg（CO_2/胺液），较 MDEA 水溶液提高了 75.9%。多次 CO_2 吸收解吸循环实验表明，MDEA ＋正丁醇＋水相变吸收剂具有良好的稳定性[6]。

2）以 MDEA 为主要成分的相变吸收剂物性

基于实验室研究的一系列以 MDEA 为主要成分的相变吸收剂，选取 MDEA 的质量分数为 23%~30%、与水不互溶的醇类的质量分数大于 40%、水的质量分数为 25%~26% 的相变吸收剂进一步研究。

该相变吸收剂具有较低的解吸能耗。该相变吸收剂在吸收 CO_2 后形成液液两相，上、下液相 CO_2 负载量浓度比约为 0.05∶1，且由于上液相（即贫液相）负载极少量的 CO_2，仅需要将 CO_2 的下液相（即富液相）进行解吸，从而减少了进入解吸单元的液体量，可降低解吸过程中吸收剂的升温显热，进而降低酸性气体的解吸能耗。由于该相变吸收剂中存在有机溶剂，促进了 MDEA 对 CO_2 的吸收，提高了 CO_2 的吸收速率。另外，进入解吸单元的富液相中酸性气体的负载量较高且含有少量可促进解吸的有机溶剂，能够提高 CO_2 的解吸速率和循环处理量，从而降低了酸性气体的解吸能耗。

3）以 MDEA 为吸收剂的相变吸收工艺系统

以 MDEA 为主吸收剂的相变吸收剂吸收 CO_2 的方法及系统，使用以 MDEA 为主要成分的相变吸收剂对工业尾气中的 CO_2 进行吸收。整个系统分为吸收系统、解吸系统、换热系统和辅助系统四部分。其中，吸收系统包含两台吸收塔（1 号吸收塔和 2 号吸收塔）；解吸系统为一台解吸塔；换热系统包含贫富液换热器、贫液冷却器、塔顶冷凝器和塔釜再沸器；辅助系统包含工业尾气预处理装置、吸收剂调配储存系统、分相系统等。系统中还包含上相液输送泵、下相富胺液输送泵、富胺液输送泵、贫液泵、回流泵和风机等机泵设备。

经过脱硫除尘等处理后的温度约为 40℃ 的工业尾气首先从 2 号吸收塔底部进入吸收塔，2 号吸收塔的操作压力为 100~120kPa（绝）。工业尾气先在 2 号吸收塔内与从吸收塔上部进来的来自 1 号吸收塔的下液相富胺液进行逆流接触。2 号吸收塔吸收尾气由塔顶排出，从塔底部进入 1 号吸收塔，在吸收塔内与从 1 号吸收塔上部进来的解吸后的贫胺液再次进行逆流接触，最终吸收尾气从 1 号吸收塔顶排放。1 号吸收塔的操作压力为 100~115kPa（绝）。

贫胺液从 1 号吸收塔顶部进入，与从 2 号吸收塔顶部来的工业尾气逆流接触，吸收 CO_2 达到分相负载量后，从塔底流出。从 1 号吸收塔底部流出的富胺液自流进入分相器静置分相。

分相器中上相胺液含有较少的 CO_2，经过上相液输送泵后送至贫液冷却器前，与来自解吸单元的换热后的贫胺溶液经过管道混合后再进入贫液冷却器冷却。

分相器中下相富胺液经过下相富胺液输送泵送至 2 号吸收塔继续吸收工业尾气中的 CO_2。

下液相富胺液在 2 号吸收塔中吸收了原料气中的 CO_2 达到饱和负载后，从塔底流出，经过富胺液输送泵送至贫富液换热器与来自解吸单元的热的贫胺溶液换热后，再送至解吸塔。解吸塔底部设置塔釜再沸器，再沸器的操作温度约为 110℃。热媒为 0.3MPa 的饱和蒸汽。

富胺液在解吸塔中进行相变吸收剂溶液的再生，同时 CO_2 从相变吸收剂溶液中分离出来。

解吸塔顶气相物流经塔顶冷却器送至凝液槽，凝液槽底部液体经回流泵送至解吸塔回收。凝液槽顶部 CO_2 气体送至下游工段进行压缩干燥，形成最终的产品。

解吸塔底部经过解吸的贫胺液经贫液泵送至贫富液换热器与富胺液换热冷却后，与分相器上相贫胺液合并进入贫液冷却器冷却至 40℃，继续送入吸收塔

吸收 CO_2。相变吸收剂吸收 CO_2 装置工艺流程如图 4-12 所示。

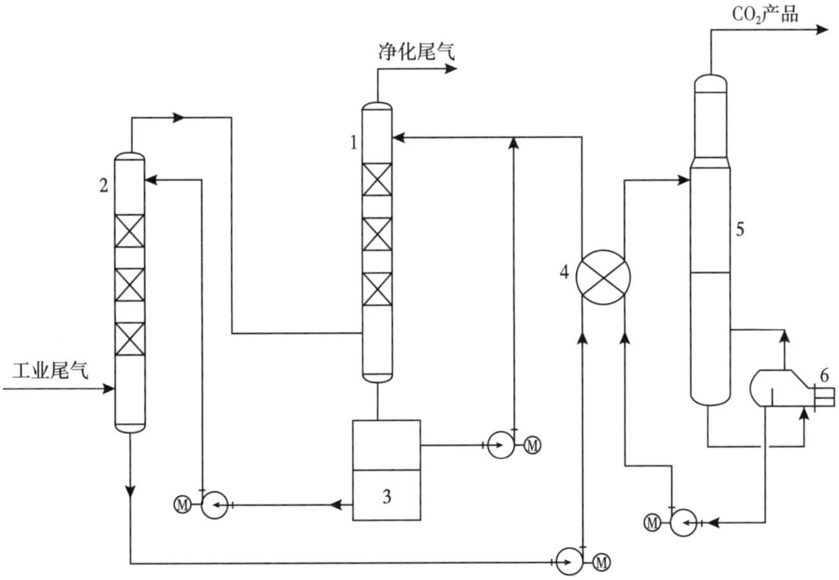

图 4-12 相变吸收剂吸收 CO_2 装置工艺流程图

1—1 号吸收塔；2—2 号吸收塔；3—分相器；4—贫液富液换热器；5—解吸塔；6—塔釜再沸器

2. 技术特点

以 MDEA 为主吸收剂的相变吸收工艺系统采用双吸收塔的工艺流程，优化了吸收剂与 CO_2 的传质效率，充分利用了分相后下相富胺液对于 CO_2 吸收能力，仅需要对饱和的下相富胺液进行解吸，减少了解吸的吸收剂量，降低了解吸能耗，该工艺具有很好的工业应用前景。该工艺主要具有以下技术特点：

（1）该相变吸收工艺气源浓度适应范围广。该相变吸收剂适用于含有低浓度 CO_2 的烟气至中高浓度的制氢弛放气、中变气等不同气源的 CO_2 捕集。

（2）该相变吸收工艺优化了吸收剂与 CO_2 在吸收塔内的传质效率。该工艺流程通过设置两台吸收塔，分别利用相变吸收剂贫液和相变吸收剂吸收 CO_2 后的下相富胺液对工业尾气中的 CO_2 进行吸收，相比于采用单一吸收塔的传统工艺，可实现相变吸收剂与 CO_2 在吸收塔内传质效率的优化，避免相变吸收剂在分相前后由于黏度发生急剧变化，致使吸收塔内传质系数突然降低，可有效提高相变吸收剂对于 CO_2 的吸收效率，还可实现 CO_2 富液相对于 CO_2 吸收能力的再利用，降低设备投资和运行成本。

（3）该相变吸收剂的运行稳定性好，重复利用性好。该相变吸收工艺可实现对 CO_2 富液经解吸后的溶液和 CO_2 贫液相的循环再利用，从而实现对相变吸收剂的循环利用，提高相变吸收剂的利用效率，降低生产成本。

（4）该相变吸收工艺解吸能耗低。该相变吸收工艺仅将 CO_2 富液送至解吸系统进行解吸，相比于传统技术，可有效减少进入解吸系统的胺液量，降低解吸能耗。

3. 能耗、物耗指标

以MDEA为主吸收剂的相变吸收剂吸收 CO_2 工艺主要消耗包含循环冷却水、电、蒸汽和溶剂。一般工艺的能耗、物耗的消耗量与气源浓度、温度、压力及水含量的多少密切相关，以中浓度碳源为原料气的 CO_2 吸收解吸过程的能耗指标见表 4-12。

表 4-12　中浓度碳源为原料气的 CO_2 吸收解吸过程的能耗指标

能耗指标	消耗量
循环冷却水（30~40℃）/（t/t CO_2）	70~80
电 /（kW·h/t CO_2）	25~35
蒸汽（0.3MPa）/（t/t CO_2）	1.1~1.2
相变吸收剂 /（kg/t CO_2）	约 0.6

注：中浓度气源 CO_2 体积分数为 30%~40%。

4. 技术创新点

以 MDEA 为主吸收剂的相变吸收工艺系统采用双吸收塔的工艺流程，关键的创新点如下：

（1）采用新型相变吸收剂。该相变吸收工艺采用了以工业中常用的 MDEA 为主吸收剂的相变吸收剂，该相变吸收剂由于助溶效应，吸收 CO_2 前为均相体，

吸收 CO_2 后形成液液两相，仅下液相进行解吸，相比于传统技术，可有效减少进入解吸系统的胺液量，降低解吸能耗。

（2）该工艺流程通过设置两台吸收塔，分别利用相变吸收剂贫液和相变吸收剂吸收 CO_2 后的下相富胺液对工业尾气中的 CO_2 进行吸收，相比于采用单一吸收塔的传统工艺，可实现相变吸收剂与 CO_2 在吸收塔内传质效率的优化。中国昆仑工程有限公司已对该技术申请中国专利 1 项。

四、关键工艺设备

以 MDEA 为主吸收剂的相变吸收工艺装置主要设备如下。

1. 吸收系统

该相变吸收工艺吸收系统中的两台吸收塔均采用填料吸收塔，塔内气液两相的流动方式为逆流操作，相变吸收剂由塔顶加入自上而下流动，与从下向上流动的工业尾气接触，富胺液由塔底排出。吸收塔内操作压力为微正压，操作温度为 40~50℃，吸收塔材质为 S30408，填料为金属填料。

2. 分相器

该相变吸收工艺中分相器采用卧式分相器。1 号吸收塔底富胺液由分相器顶部进入分相器进行分相。分相器设计有足够的停留时间使胺液在分相器内分相，密度较小的上相的 CO_2 负载很小，上相液与解吸后的贫液混合降温后送回吸收塔循环利用；密度较大的下相液 CO_2 未达到饱和负载，故送至 2 号吸收塔继续吸收工业尾气中的 CO_2，使下液相达到饱和负载后，送至解吸塔解吸。分相器能够将上下相吸收剂充分分离，保证 2 号吸收塔的吸收效果。分相器操作压力为常压，操作温度为 50℃，分相器材质为 S30408。

3. 解吸系统

解吸塔优选板式塔，富胺液自塔上部进塔，塔釜设置釜式再沸器，以低压饱和蒸汽为热源。解吸塔操作压力约为 140kPa，塔釜操作温度约为 110℃，塔顶操作温度约为 80℃。塔顶设冷却器将解吸的气体混合物降温至 40℃，冷却器后设置气液分离器，其中液体回流至解吸塔，气体为产品 CO_2，送至下游生产单元。塔釜解吸后的贫胺液经换热降温后送至吸收系统。

4. 换热系统

换热系统包含贫富液换热器、贫液冷却器、塔顶冷凝器和塔釜再沸器。在该工艺换热系统中，贫富液换热器承担的换热负荷占比较大，约为 56%。通过此换热器实现吸收解吸流程中自有能量的充分利用，对整个流程能耗的影响非常重要。在对比了管壳式、全焊接板式、板式等多种形式换热器之后，发现板式换热器端差最小，理论值低至 1~3℃，所以贫富液换热器及贫液冷却器选用传热系数高的板式换热器，减少贫富液换热端差，提高贫液热流股的能量回收率，可以有效节省解吸系统的蒸汽消耗和贫液冷却器冷却水的消耗。使用软件模拟计算结果表明，相对管壳式换热器，贫富液换热器采用板式换热器端差可以从 20℃ 降至 10℃，并且每降低 5℃ 端差，蒸汽消耗可减少 10%，冷却水消耗可减少 8%。塔顶冷凝器为解吸塔顶气液混合物冷却，选用结构简单、造价低、流通截面较宽、易于清洗水垢的管壳式换热器。解吸塔塔釜再沸器可以选用釜式再沸器及热虹吸式再沸器。

五、主要污染物及处理

1. 废气

该工艺流程对工业尾气进行 CO_2 捕集，吸收塔排放的尾气污染物种类除与原料工业尾气的污染物相同的污染物之外，还会新增有机胺挥发带来的 VOCs。与原料工业尾气的污染物相同的污染物排放量不变，但浓度会因为 CO_2 的减少而略有增加。相变吸收剂挥发带来的 VOCs 浓度一般为 40~100mg/m^3，小于规范中污染物非甲烷总烃排放限值 120mg/m^3 的要求。

2. 废水

该工艺流程产生的废水主要是清洗废水，排放至污水处理厂处理，能够满足各项环境保护要求，对周围水环境的影响较小。

3. 固体废物

该工艺流程无固体废物产生。

4. 噪声

该工艺流程的噪声源主要有风机、泵等，通过选用低噪声设备，大功率机泵进行基础减振、隔声、吸声及综合治理，使其对周围环境的影响降至最小。

六、节能技术和节能设备

传统流程解吸系统多采用解吸塔，但是相变吸收剂吸收 CO_2 分相后的富胺液黏度大，使用传统塔器解吸，存在传质、传热困难的问题，有研究采用新型装置进行解吸，如膜解吸、超重力反应器等。但是这类新型 CO_2 解吸系统尚无工业应用案例报道。

七、技术应用情况及效果

现已完成以 MDEA 为主吸收剂的相变吸收碳捕集装置的中试研究，正在推广工业化应用。

第三节　活化 MDEA 碳捕集技术

醇胺吸收法是目前天然气工业和化肥工业中最常用的湿法脱碳技术。醇胺吸收剂的分子结构中含有羟基和氨基，羟基可以降低醇胺化合物的蒸气压并增加其在水中的溶解度，减少溶剂蒸发损失；氨基在水溶液中呈碱性，可与原料气中 CO_2、H_2S 等酸性气体组分发生反应将其脱除。在早期大量的工业应用中，常采用 MEA 或 DEA 等伯胺或仲胺的单一溶剂脱碳工艺，该类吸收剂利用与 CO_2 直接生成氨基甲酸盐的反应实现脱碳，但其易降解，且再生能耗高、CO_2 负荷量有限［约为 0.5mol/mol/（CO_2 / 胺）］。而叔胺类的单一溶剂（如 MDEA），因中心氮原子周围没有游离的氢原子，无法与 CO_2 发生直接生成氨基甲酸盐的反应，需 CO_2 先溶解在水中，再利用弱酸与弱碱的反应将其脱除。因此，叔胺吸收剂的 CO_2 吸收速率较低，但其 CO_2 负荷量约可达 1mol/mol/（CO_2/ 胺），是伯胺或仲胺的 2 倍。

近年来，围绕着解决 MDEA CO_2 吸收速率低的问题，同时为进一步降低再生能耗，研究人员开发了多种配方型溶液，大幅提升了醇胺吸收法的脱碳技术水平。活化 MDEA 溶液基于均匀活化机理，通过向 MDEA 溶液中加入哌嗪（PZ）、咪唑和吡啶等活化剂，来提高其对 CO_2 的吸收反应速率。相较于仅使用 MDEA 溶液脱除天然气中的 CO_2，表现出更低的能耗。

一、技术适用范围

脱碳工艺的选择，既要考虑方法本身，也要从整个流程并结合原料路线、加工方法、副产品 CO_2 的用途、公用工程费用等方面综合考虑。首先要考虑处理气体中 CO_2 分压，以及要求达到的净化气中 CO_2 分压。MDEA 脱碳技术是能耗较低、使用较广泛的脱碳工艺，广泛应用于从合成氨、甲醇原料气、炼厂气、城市煤气及天然气中脱除 CO_2、H_2S。该工艺采用甲基二乙醇胺（MDEA）溶液中加入活化剂组成的溶液，对 CO_2 具有物理吸收和化学吸收双重性能，只需少量溶液热再生，因此该工艺热耗低、净化度高，对含硫气体能顺带脱除无机硫，同时又对有机硫起水解作用。MDEA 法适用于较广压力范围内的 CO_2 脱除，而且可以达到较高的净化度。CO_2 分压高，溶液的吸收推动力大，同时物理吸收部分的比例就大，化学吸收部分的比例小，热量消耗就小；而当 CO_2 分压低时，要达到相同的气体净化度，化学吸收部分的比例大，热耗增大。因此，目前的活化 MDEA 法适合于较高压力下（1.0~8.0MPa 之间）的 CO_2 捕集，包括天然气处理、天然气制化肥脱碳、制氢装置变压吸附前等过程的碳捕集。例如，应用广泛的合成氨变换气脱碳，变换气中 CO_2 体积分数为 26%~28%，操作压力不低于 1.8MPa。

二、国内外技术现状

目前，国外许多知名公司均采用基于 MDEA 法的天然气脱碳技术，如 Shell 公司的 ADIP-X 技术、BASF 公司的 OASE® 技术（以前称 aMDEA® 技术）、Ineos 公司的 GAS/SPEC 技术及 DOW 公司的 UCARSOL 技术等[13]。

ADIP-X 技术是一项以水溶性 MDEA-PZ 作混合溶剂并通过加速反应动力学强化 CO_2 脱除的技术，其具有以下优势：溶剂 CO_2 负荷量高，提高了脱碳系统的处理能力；较低的溶剂循环速率和反应热，降低了处理系统对蒸汽的需求；

溶剂不易发泡、结垢，无腐蚀性，且降解率极低，无须进行溶剂回收，提升了整个系统运行的稳定性。OASE® 技术是另一种基于活化 MDEA 溶液脱除 CO_2 的技术，其主要用于原料气中不含 H_2S（或含量很低）而需大量脱除 CO_2 的场合。该技术采用多级降压闪蒸的处理工艺，能最大限度地释放 CO_2，实现高度节能。通常要求原料气中 CO_2 分压不低于 0.5MPa，且 CO_2 分压越高，节能效果越显著。

松南采气厂采用南化研究院开发的 NCMA 醇胺法脱碳技术，吸收剂采用位阻胺活化的 MDEA 溶液，该溶液吸收能力和稳定性高，再生能耗和腐蚀性低，但净化气产率还有待通过优化工艺参数和流程设计进一步提升。

三、活化 MDEA 工艺技术及特点

1. 工艺技术

1）MDEA 脱碳工艺原理

MDEA 中文名称为 *N*-甲基二乙醇胺，结构简式为 $CH_3N(CH_2CH_2OH)_2$。MDEA 是无色或微黄色黏性液体，分子量 119.2，沸点 246~248℃，闪点 260℃，凝固点 -21℃，黏度（12℃）101mPa·s，汽化热 519.16kJ/kg，能与水和乙醇混溶，微溶于醚。在一定条件下，MDEA 对 CO_2 等酸性气体有很强的吸收能力，而且反应热小，解吸温度低，化学性质稳定，无毒性，不易降解。

活化 MDEA 法是一种以 MDEA 水溶液为基础的脱碳工艺，通过加入特种活化剂进一步改进该溶剂。这种工艺在投资、公用工程、物料消耗等方面比其他脱碳方法更为经济，具有很强的竞争性，是当今能耗最低的脱除 CO_2 方法之一。所用活化剂为哌嗪、咪唑、二乙醇胺、甲基乙醇胺等。MDEA 对 CO_2 有特殊的溶解性，吸收 CO_2 后生成碳酸氢盐，可加热再生，工艺过程能耗低。MDEA 工艺的操作条件为吸收压力小于 12MPa，CO_2 分压大于 0.05MPa，吸收温度为 50~90℃，再生压力为 0.05~0.19MPa，与天然气制氨工艺非常匹配，还可以用低变换出口合成气余热作为 MDEA 溶液再生的热源，降低装置能耗。

在 MDEA-H_2O 脱除 CO_2 的体系中，既存在化学吸收，也存在物理吸收，同时在水溶液中还存在各种离解反应。为建立严格的气体溶解度计算模型，必须对各种反应和相平衡进行严格和充分的考虑，才能使得所建立的模型可以顺利地扩展到混合气体的溶解度计算。

（1）气液平衡。MDEA 脱碳体系中包含 CO_2、H_2O 和 MDEA 在气液两相中的平衡关系，这对于模拟脱碳过程至关重要。CO_2 的气液平衡计算采用亨利常数方法，即

$$f_i = x_i \gamma^* H_i^{\text{o}} \tag{4-22}$$

式中 f_i——组分 i 在气相中的逸度，可由 Peng-Robinson 方程计算，Pa（或 kPa）；

H_i^{o}——组分 i 的亨利常数，Pa（或 kPa）；

x_i——组分 i 在液相中的摩尔分数；

γ^*——活度系数，其参考态是在纯水中的无限稀释态。

H_2O 和 MDEA 的计算采用标准蒸气压法，即

$$f_i = x_i \gamma_i p_i^{\text{o}} \tag{4-23}$$

式中 p_i^{o}——H_2O 和 MDEA 的饱和蒸气压，可由 Peng-Robinson 方程计算，Pa（或 kPa）。

（2）化学反应。MDEA 水溶液吸收酸性气体 CO_2 和 H_2S 时，在水溶液中存在的主要反应包括水的离解、MDEA 的质子化、CO_2 和 H_2S 的一级水解和二级水解等，见表 4-13。

表 4-13　MDEA 脱碳过程中的主要化学反应

反应	反应式
水的离解	$H_2O \rightleftharpoons H^+ + OH^-$
MDEA 的质子化	$MDEA + H^+ \rightleftharpoons MDEAH^+$
CO_2 的一级水解	$CO_2(aq) + H_2O \rightleftharpoons HCO_3^- + H^+$
CO_2 的二级水解	$HCO_3^- \rightleftharpoons CO_3^{2-} + H^+$

2）工艺流程

图 4-13 为典型 MDEA 法脱 CO_2 二段吸收流程。

原料气进入吸收塔下段中吸收，下段吸收液用闪蒸塔底部已脱除大部分 CO_2 的半贫液，上段吸收用加热再生后的贫液，气体与溶液在塔内逆流接触，脱除 CO_2 后的净化气从吸收塔顶部引出，CO_2 浓度一般可达 0.005%~0.1%（体积分数）。

离开吸收塔底的富液，在水力透平中回收能量作为半贫液泵的动力。经水力透平回收能量后的溶液分二级闪蒸，高压闪蒸段操作压力稍高于进气的 CO_2 分压，溶解的惰性气体在较高压力下弛放出去，大部分高浓度的 CO_2 在接近大气压的低压闪蒸段放出。

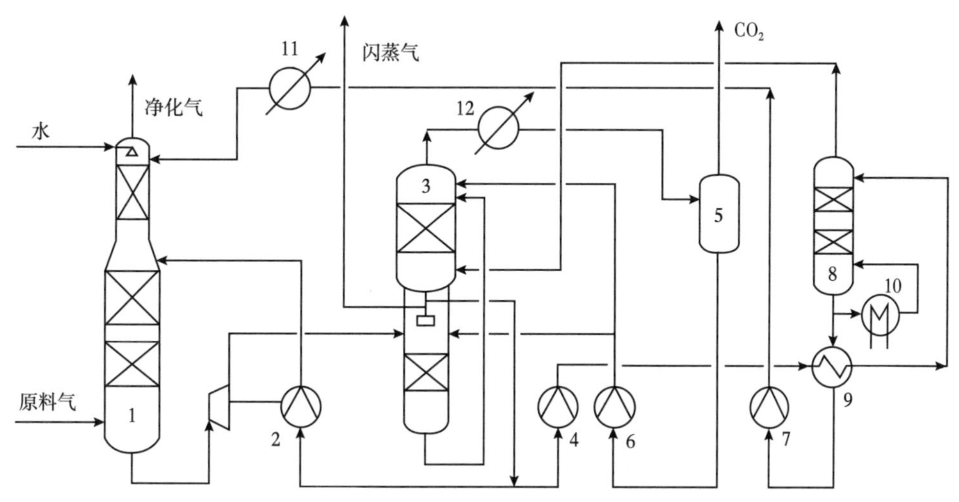

图 4-13　MDEA 法脱 CO_2 二段吸收流程图

1—吸收塔；2—半贫液泵；3—闪蒸塔；4—再生塔进料泵；5—分离器；6—冷凝液泵；7—贫液泵；8—再生塔；9—换热器；10—再沸器；11—冷却器；12—冷凝器

闪蒸再生后的半贫液大部分用泵打回吸收塔下段，小部分溶液送至再生塔加热汽提，汽提后的贫液与再生塔进料换热冷却，再用水冷却器冷却后进入吸收塔顶部喷淋。

再生塔顶部出来的气体可进入低压闪蒸段下部，有利于 CO_2 的解吸。从低压

闪蒸段出来的 CO_2，经过冷却器冷却后可送出装置，冷凝液回流入塔。

上述二段吸收工艺流程能耗低，但投资大，有些情况下也可以采用简单的一段吸收工艺流程。在一段吸收中，脱除 CO_2 是在一段吸收塔中完成的。富液闪蒸同二段吸收一样，也分二级闪蒸。但闪蒸后的全部溶液到再生塔汽提再生。一段吸收工艺能耗较大，但投资低，在有大量低品位热能可选用时，采用一段吸收流程是合适的。

3）MDEA 脱碳工艺计算

MDEA 脱碳工艺技术的核心和脱碳条件的确定，关键在于计算气体在溶液中的溶解度。对于 MDEA 脱碳体系这样一个典型的混合溶剂电解质溶液体系，计算气体溶解度的关键是溶液中计算方法的选择和确定。中国石油合成氨技术采用 Chen-NRTL 方程，并结合实验结果进行拟合与验证。

Chen-NRTL 方程是一个非线性方程，可以较好地适用于 MDEA 和 H_2O 这样的极性溶剂电解质体系。采用 Chen-NRTL 方程，体系的超额自由能由三部分组成：

$$\frac{g_{\mathrm{ex}}^{*}}{RT}=\frac{g_{\mathrm{ex,PDH}}^{*}}{RT}+\frac{g_{\mathrm{ex,Born}}^{*}}{RT}+\frac{g_{\mathrm{ex,NRTL}}^{*}}{RT} \tag{4-24}$$

长程项（PDH）表示离子和离子间相互作用的贡献：

$$\frac{g_{\mathrm{ex,PDH}}^{*}}{RT}=-\sum_{k}x_{k}\left(\frac{1000}{M_{\mathrm{s}}}\right)^{0.5}\left(\frac{4A_{\varphi}I_{x}}{\rho}\right)\ln\left(1+\rho I_{x}^{0.5}\right) \tag{4-25}$$

其中：

$$A_{\varphi}=\frac{1}{3}\left(\frac{2\pi N_{0}d}{1000}\right)^{0.5}\left(\frac{e^{2}}{D_{\mathrm{w}}kT}\right) \tag{4-26}$$

$$I_{x}=\frac{1}{2}\sum_{i}x_{i}Z_{i}^{2} \tag{4-27}$$

式中　N_0——阿伏伽德罗常数，$6.02\times10^{23}\mathrm{mol}^{-1}$；

d——溶剂密度，kg/m^3；

e——电子电荷，C；

D_W——水的介电常数，F/m；

k——Boltzmann 常数，J/K；

ρ——常数，取 14.9kg/m^3；

M_s——溶剂摩尔质量，g/mol；

Z——离子电荷数，如 H^+ 的 $Z=+1$。

波尔校正项（Born）表示离子的参考态从纯水无限稀释状态转到胺水溶液中的无限稀释态的贡献：

$$\frac{g^*_{\mathrm{ex,Born}}}{RT}=\left(\frac{e^2}{2kT}\right)\left(\frac{1}{D_\mathrm{m}}-\frac{1}{D_\mathrm{w}}\right)\frac{\sum_i x_i Z_i^2}{r_\mathrm{bo}}\times 10^2$$
$$\frac{g^*_{\mathrm{ex,Born}}}{RT}=\left(\frac{e^2}{2kT}\right)\left(\frac{1}{D_\mathrm{m}}-\frac{1}{D_\mathrm{w}}\right)\frac{\sum_i x_i Z_i^2}{r_\mathrm{bo}}\times 10^2 \tag{4-28}$$

式中　D_m——MDEA-H_2O 混合溶剂的介电常数，F/m；

r_{bo}——离子直径，3×10^{-10}m。

短程局部浓度项（NRTL）则表示溶液中所有粒子间短程相互作用的贡献：

$$\frac{g^*_{\mathrm{ex,NRTL}}}{RT}=\sum_m x_m\frac{\sum_j x_j G_{jm}\tau_{jm}}{\sum_k x_k G_{km}}+\sum_c x_c\sum_{a'}\frac{x_{a'}}{\sum_{a''}a''}\frac{\sum_j G_{jc,a'c}\ \tau_{jc,a'c}}{\sum_k x_k G_{kc,a'c}}+\sum_a x_a\sum_{c'}\frac{x_{c'}}{\sum_{c''}c''}\frac{\sum_j G_{ja,c'a}\ \tau_{ja,c'a}}{\sum_k x_k G_{ka,c'a}} \tag{4-29}$$

其中，m 代表溶剂，c 代表阳离子，a 代表阴离子。

$$G_{cm}=\frac{\sum_a X_a G_{ca,m}}{\sum_{a'} X_{a'}}\qquad G_{am}=\frac{\sum_c X_c G_{ca,m}}{\sum_{c'} X_{c'}} \tag{4-30}$$

$$\alpha_{cm} = \frac{\sum_{a} X_a \alpha_{ca,m}}{\sum_{a'} X_{a'}} \qquad \alpha_{am} = \frac{\sum_{c} X_c \alpha_{ca,m}}{\sum_{c'} X_{c'}} \tag{4-31}$$

$$X_j = x_j C_j \tag{4-32}$$

对于离子，$C_j=Z_j$；对于中性分子，$C_j=1$。

$$G_{i,j} = \exp\left(-\alpha_{i,j}\tau_{i,j}\right) G_{i,j} = \exp\left(-\alpha_{i,j}\tau_{i,j}\right) \tag{4-33}$$

式中　$\alpha_{i,j}$——非随机因子；

　　$\tau_{i,j}$——相互作用参数。

各组分活度系数的计算公式为：

$$\ln\gamma_i = \left\{\frac{\partial\left[n_\mathrm{t} g_\mathrm{ex}^* / (RT)\right]}{\partial n_i}\right\}_{T,p,n_{j\neq i}} \tag{4-34}$$

式中　γ_i——组分 i 的活度系数；

　　g_ex^*——超额吉布斯自由能，J；

　　n_i——组分 i 的物质的量，mol；

　　n_t——溶液总的物质的量，mol。

对于溶剂 MDEA 和 H_2O 的活度系数的计算，从式（4-34）可直接得到组分的活度系数。但是对于各种离子，由于在反应平衡常数表达式中的参考态是在水中的无限稀释态，因此各离子的活度系数应为式（4-34）计算的活度系数减去该离子在纯溶剂中的无限稀释活度系数：

$$\ln\gamma_i^* = \ln\gamma_i - \ln\gamma_i^\infty \tag{4-35}$$

通过单一气体在 MDEA-H_2O 中溶解度的数据，采用 Marquart 最小化方法可拟合得到 Chen-NRTL 方程中的各种相互作用参数，在此基础上可以计算得到不同组分 MDEA 溶液的溶解度参数，可与流程模拟技术结合用于 MDEA 脱碳溶液量、吸收与解吸压力等工艺参数的确定。采用自主技术计算得到的结果与实验值相吻合，如图 4-14 和图 4-15 所示，图中根据实验结果绘制的数据点与根据方程计算出的数据线在 298.15~393.15K 的温度范围和 0.1~1000kPa 压力范围内均基本一致。在此基础上，结合进料气体组分，确定了 MDEA 半贫液、贫液两段吸收流程的循环溶液量、吸收温度、解吸温度等工艺参数，为确定吸收塔和解吸塔的结构尺寸提供了设计依据。

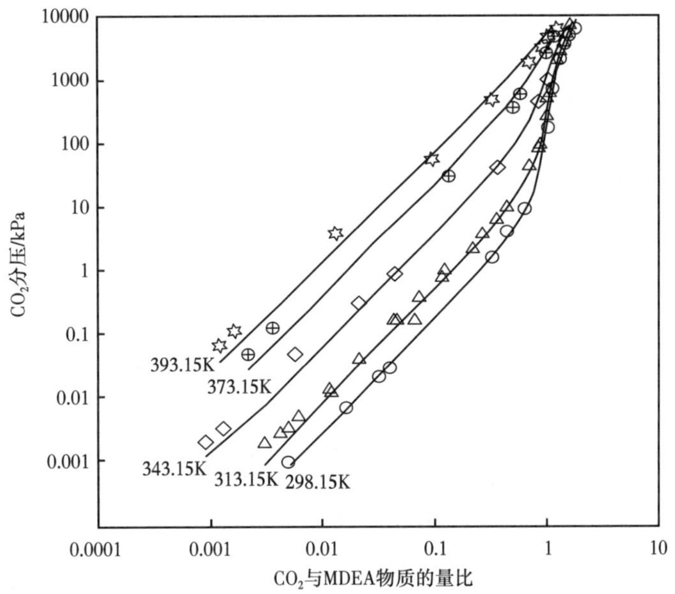

图 4-14　MDEA（2.0mol/L）-H_2O-CO_2 体系中 CO_2 分压随溶液中 CO_2 与 MDEA 物质的量比的关系

2. 技术特点

活化 MDEA 脱碳工艺的特点，主要包括以下几个方面：

（1）CO_2 净化度高。对酸性气体的吸收能力高，兼有物理吸收和化学吸收，溶剂负载量大，净化度高。根据工艺需要，MDEA 可以将 CO_2 脱除至 0.1%（摩尔分数）以下，甚至低于 20mL/m^3。

（2）稳定性好。MDEA 是叔胺，不会与 CS_2 或 COS 等反应而降解，也不易热分解。据报道，运转 4 年的 MDEA 装置中未发现任何降解产物，也无起泡问题。

（3）溶液腐蚀性小，操作相对简单方便。对碳钢基本无腐蚀，运行前无须对碳钢进行钝化处理，可直接使用。

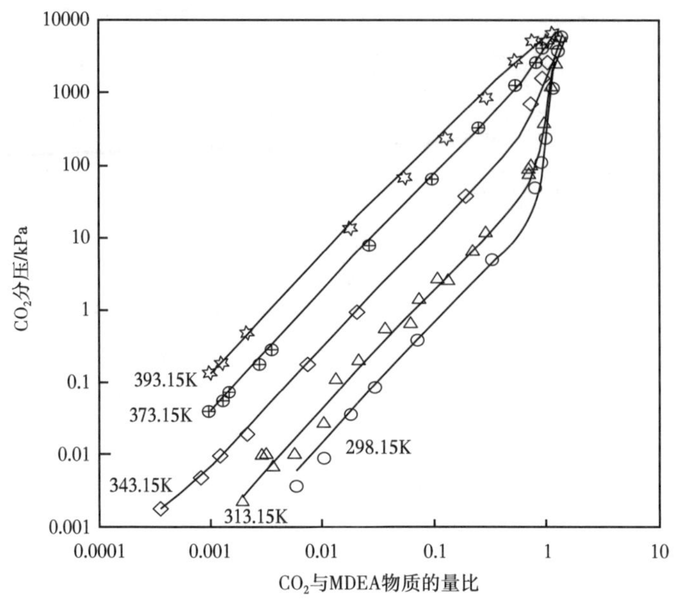

图 4-15 MDEA（4.2mol/L）-H_2O-CO_2 体系中 CO_2 分压随溶液中 CO_2 与 MDEA 物质的量比的关系

（4）再生温度低，热能耗低。溶液再生温度低及塔顶出口温度低，活化工艺中仅需利用低变工艺气废热即可达到再生温度的要求。充分利用半贫液吸收，在保证气体的净化度前提下尽量少用贫液，热能耗就低。已经实现工业 45×10^4t/a 合成氨装置，在 2.7MPa 下吸收，热能耗为 0.8GJ/t CO_2。

（5）溶剂损失少。由于 MDEA 的蒸气分压低，常温下纯 MDEA 蒸气压小于 0.01mmHg（1.3Pa），因此气体经冷却分离后的夹带量是比较少的，可以控制在 0.1kg/t CO_2 以下。乌鲁木齐石化公司化肥厂报道，合成氨工业装置上溶液的年更换率为 5%~10%[14]。

（6）流程设置灵活。可采用贫液一段吸收、贫液半贫液两段吸收、一段再生和二段再生流程。贫液一段吸收流程投资省、电耗低、热耗高；贫液半贫液两段吸收的投资大、电耗高、热耗低，根据原料气和装置规模采用不同的流程。当 CO_2 分压在 0.1MPa 左右时，可用一段吸收一段再生流程；当 CO_2 分压在 0.2MPa 以上时，可采用低能耗的二段吸收二段再生的工艺流程。采用一段吸收一段再生、两段吸收两段再生等工艺流程组合，可使投资和能耗最低。

尽管 MDEA 工艺具有许多优点，但其同时还具有一些内在缺陷。活化 MDEA 溶液使用的活化剂沸点较低，净化气和再生气中易夹带活化剂，损失较大；若活化剂浓度过高，易对装置设备造成腐蚀。此外，由于 MDEA 与 CO_2 吸收反应速率较慢，若 CO_2 分压较低，增大的吸收液循环量会导致高能耗、高运行成本。

3. 能耗、物耗指标

以 45×10^4t/a 合成氨装置为例，净化气中 CO_2 含量低于 0.05%（体积分数），CO_2 回收率不低于 98%，产品 CO_2 纯度不低于 98.5%，使用活化 MDEA 法在 36.7MPa 下脱碳能耗、物耗指标（以吨 CO_2 计）[15]：电耗 39kW·h，循环水 $17m^3$，蒸汽 0.41t，溶剂损耗 0.05kg。

使用活化 MDEA 法在 1.6MPa 下脱碳能耗、物耗指标（以吨 CO_2 计）：电耗 48.5kW·h，循环水 $37m^3$，蒸汽 0.6t，溶剂损耗 0.3kg。

提高吸收压力，可降低蒸汽消耗，如吸收压力提高至 1.6MPa 或 2.5MPa，蒸汽消耗可下降至 0.6t / t CO_2 或 0.3t / t CO_2。

4. 技术创新点

活化 MDEA 技术经过国内外多年开发运行积累，主要形成以下创新点：

（1）优化溶液配方，提高 CO_2 吸收速率。

由于 MDEA 对吸收 CO_2 有很多优点，如能耗低、吸收能力大、净化度高、对碳钢基本不腐蚀、蒸气分压低、溶剂损失小等，但因为它是叔胺，CO_2 吸收速率慢，因此研究者均采用伯胺与仲胺作为活化剂（催化剂），以提高溶液的吸收速率。

目前，用何种伯胺、仲胺，浓度多少，利弊如何，均是研究者的主要研究方向，主要包括：如何提高速率、各种伯仲胺的稳定性、副反应、腐蚀性、蒸气分压、损失等。国内外溶剂商经过多次优化创新，开发出比较好的活化剂配方，使活化 MDEA 法脱 CO_2 技术更加完善[16]。

（2）优化贫液与半贫液比例，降低能耗。

提高半贫液与贫液的比例来降低能耗。由于 MDEA 具有物理吸收与化学吸收 CO_2 的双重性能，因此怎样在工业应用中充分利用其特性是一个关键的问题，如充分利用其物理性能，用半贫液吸收大部分 CO_2，而少量的贫液只是为了保证净化度，这样就能降低能耗。常规情况下，半贫液量与贫液量的质量比为（3~4）∶1；物理吸收方式占比较大时，为进一步降低能耗，半贫液量与贫液量的质量比最高可达 8∶1。

（3）闪蒸罐设置，提高产品 CO_2 纯度。

H_2、N_2、CH_4 等气体不与 MDEA 发生化学反应，仅以物理吸收方式溶解于溶液中。减压时，这些气体与 CO_2 一起逸出，造成有效气体损失。闪蒸罐的设置与否、闪蒸压力高低的选用与所回收的再生气中 CO_2 纯度、CO_2 回收率有直接关系。以尿素装置为例，为了保证尿素用的 CO_2 纯度不低于 98.5%，当吸收压力大于 1.8MPa 时需用闪蒸罐。根据对 CO_2 纯度要求（如作食品级 CO_2），设计闪蒸罐的大小，控制溶液在罐内停留时间，CO_2 纯度可达 99.9%。闪蒸气中含有 H_2、N_2 及 CO_2，根据生产能力的大小，可回收或放空。

四、关键工艺设备

关键工艺设备为吸收塔、再生塔、贫富液换热器和富液闪蒸罐。吸收塔和再生塔的形式为板式塔或填料塔。

1. 吸收塔

CO_2 在 MDEA 溶液中的吸收和解吸的反应都是慢反应，尽管有活化剂的促进作用，反应速率依然较低。针对这个特点，并结合胺液较黏稠并有发泡倾向等性质，吸收塔可以采用板式塔和散堆填料塔两种形式，但从设备维护和经济上考虑，可采用板式塔。

板式塔常采用浮阀塔设计，浮阀塔的塔板数应根据原料气中 H_2S 与 CO_2 含量和净化气质量指标经计算确定。通常实际塔板数为 14~20 块。对于活化

MDEA 溶液，适当控制溶液在塔内停留时间（控制塔板数或溶液循环量）可使其选择性更好。这是由于 MDEA 对 H_2S 的吸收反应更易发生，在达到所需的 H_2S 净化度后，增加吸收塔塔板数会使溶液多吸收 CO_2，故可在选择性脱 H_2S 时塔板数适当少些，而在脱碳时则可适当多些塔板。

塔板间距一般为 0.6m，塔顶设有除沫器，顶部塔板与除沫器的距离一般为 0.9~1.5m。塔径需要经过严格的塔内件水力学计算确定，也可通过最大空塔气速来初步估算。吸收塔的最大空塔气速可由 Souders-Brown 公式确定［式（4-36）］。降液管流速一般取 0.08~1.0m/s。

$$v_g = 0.0762\left[\left(\rho_1 - \rho_g\right)/\rho_g\right]^{0.5} \tag{4-36}$$

式中　v_g——最大空塔气速，m/s；

ρ_1——活化 MDEA 溶液在操作条件下的密度，kg/m^3；

ρ_g——气体在操作条件下的密度，kg/m^3。

为防止液泛和溶液在塔板上大量发泡，由式（4-36）求出的气速应分别降低 25%~35% 和 12%，然后再由降低后的气速计算塔径。

由于 MDEA 与 CO_2 的反应速率较慢，故要求大量脱除 CO_2 时，应保证胺液在塔板上有足够的停留时间，以保证胺液与气体的充分接触和反应，这可以通过调节堰高来实现。但是在堰高增加的同时，气体通过吸收塔的压降将增大。综合考虑两方面因素，吸收塔堰板高度可调范围为 70~150mm，再生塔堰板高度为 35~50mm。在实际应用时可采用可调堰板，根据实际情况调整堰板高度。

吸收塔顶部设置进水口或底部设置水蒸气入口来向系统补加水，维持系统的水平衡。

全球烟气 CO_2 捕集商业化运行示范时间最长、规模最大的加拿大边界大坝项目，吸收塔采用方形水泥塔设计，通过分布器优化设计、气体流型调变等手段，有效提升了传质效率；以高性能防腐鳞片设计解决了烟气 CO_2 系统腐蚀难题；方形水泥塔设计方案投资水平较传统钢制圆塔可降低 25% 以上。

2. 再生塔

再生塔的作用是利用再沸器提供的水蒸气和热量使醇胺和酸性组分生成的化合物逆向分解，从而将酸性组分解吸出来。水蒸气对溶液还有汽提作用，即降低气相中酸性组分的分压，使更多的酸性组分从溶液中解吸，故再生塔也称汽提塔。汽提蒸汽量取决于所要求的贫液质量（贫液中的酸性气体负荷）、醇胺类型和塔板数（填料高度）。蒸汽耗量为 0.12~0.18t/t 溶液。

再生塔可为填料塔或板式塔，也可以设计为板式塔与填料塔的复合塔，因上部是精馏段，液相负荷很小，使用塔盘的效果会更好，而且可以降低气体的雾沫夹带；下部是提馏段，液量大，喷淋密度大，采用填料设计其效果比较理想。同时，采用填料塔使富液在再生塔内的停留时间较短，可以降低高温下胺液的降解率。

再生塔的塔板数或填料高度也应经模拟计算确定。若全部采用板式塔，通常在富液进料口下方有 20~24 块塔板，板间距一般为 0.6m。

3. 贫富液换热器

贫富液换热器一般选用管壳式换热器和板式换热器。若采用管壳式换热器，富液走管程，贫液走壳程。为了降低设备的腐蚀和减少富液中酸性组分的解吸，富液出换热器的温度不应太高。此外，对富液在碳钢管线中的流速也应加以限制，应低于 1m/s，吸收塔至贫富液换热器管程的流速宜为 0.6~0.8m/s。不锈钢管线由于不易腐蚀，富液流速可取 1.5~2.4m/s。

4. 富液闪蒸罐

富液中溶解有烃类时容易起泡，为使富液进再生塔前尽可能地解吸出溶解的烃类，可设置一个或几个闪蒸罐，通常采用卧式罐。

闪蒸压力越低，温度越高，则闪蒸效果越好。以天然气脱碳为例，闪蒸罐压力一般为 0.5MPa。原料气为贫气，吸收压力低时，富液中只有甲烷、乙烷，溶液在罐内停留时间设计为 10~15min；原料气为富气，吸收压力高时，富液中还会有较重烃类，溶液在罐内的停留时间设计为 20~30min。

5. 溶液循环泵

半贫液泵，一般是带水力透平能量回收的，出吸收塔的富液经过水力透平回收能量并减压进入再生塔。通过透平一般能回收 30% 的能量，不足部分用电动机带动。贫液泵用电动机驱动。

6. 再沸器

再沸器按结构形式分为立式和卧式。立式占地面积小，结构紧凑。卧式占地面积大，但加热面积大。合成氨厂脱碳工序的再沸器一般根据加热介质不同，分为利用变换气低品位热能的变换气再沸器和蒸汽再沸器两种。变换气再沸器的管程、壳程均与 CO_2 接触，一般采用不锈钢材料。

五、主要污染物及处理

活化 MDEA 碳捕集装置在运行过程中可能会出现醇胺降解、热稳定盐生成、悬浮物增多等问题，导致装置无法平稳运行，需要定期补充或置换新鲜的胺液，污染的 MDEA 溶液被闲置储存成为废胺液。因此，需要将废 MDEA 溶液回收利用，不仅能节约成本取得较好的经济效益和社会效益，而且能消除废 MDEA 溶液对污水水质的影响。

胺液系统污染物主要有颗粒物、无机盐、有机质和热稳定性胺盐（热稳定盐）。

颗粒物在溶剂循环过程中易产生高剪切力，引起系统磨蚀性腐蚀，因此需严格控制系统的颗粒物含量和粒径，通过机械过滤粒径 5~10μm，过滤比例尽可能高，小系统全过滤，大系统 20%~50%。

除 NaCl 外，其他的无机盐（如硫酸钠、甲酸钠等）对有机胺系统维护需求较低。NaCl 因 Cl^- 的高腐蚀性，需要尽可能控制系统的 Cl^- 含量。因此，当系统无机盐含量高时［如 5%（质量分数）］，需要采取热稳定盐的净化措施脱除无机盐。

油、脂和表面活性物质极易引起溶剂发泡，水溶性有机质（如乙二醇、三甘醇等醇类）含量高时易导致系统运行故障，如引起溶剂黏度高、发泡趋势高，一般通过固体吸附方式净化（如活性炭或特制合成材料吸附）。

热稳定盐是胺液系统的主要污染物，胺与强酸（酸性比 CO_2 和 H_2S 强）反应生成的胺盐，需要非常高的能量来打破形成键能，在再生塔中无法分解再生。热稳定盐的累积使得溶液吸收能力下降，导致溶液起泡，溶液损耗增加，腐蚀性增强。对热稳定盐的处理需要胺液净化技术，目前主要有蒸馏回收技术、离子交换树脂法、电渗析法及其他处于实验室阶段的技术（沉淀法、吸附法、溶剂抽提等）。

传统技术加热蒸馏将污染胺液中的活性胺提取，设备底部残留高沸点胺变质产物、固体颗粒及热稳定盐等。蒸馏回收胺液技术在发达国家经历了长期发展和改进，但仍存在胺液损耗较高、废胺液处置费用高、能耗高等问题。

离子交换技术的原理是溶液流经离子交换树脂，溶液中的阴离子（阳离子）与树脂上的阴离子（阳离子）发生置换脱除，当树脂上的离子被置换完全后，使用酸或碱对树脂进行再生以恢复其置换能力。离子交换技术的核心是树脂，包括阳离子交换树脂和阴离子交换树脂。阴阳离子交换树脂床层进行串联，分别净化金属阳离子（如 Na^+、K^+、Ca^{2+}、Fe^{2+} 等）以及热稳定盐阴离子（Cl^-、SCN^-、$HCOO^-$、SO_3^{2-} 等）。离子交换仅对胺液中带电粒子进行脱除，因此理论上不损失胺液，理想情况下胺液回收率可达 99% 以上。离子交换技术操作简单，技术较成熟，成功应用的案例较多，可借鉴参考的经验也非常丰富，在胺液净化处理方面得到了大量应用，以引进的 MPR 公司及 Eco-Tec 公司的技术为主。相比于蒸馏回收技术，离子交换具有能耗低、胺液回收率高等诸多优点，但在实际应用过程中易产生再生废液量大且难处理的问题。国内技术与国外先进技术相比仍有较大差距，在树脂寿命、选择性、热稳定盐脱除效率方面需进一步研究；工艺方面，还需解决废液排放量大、胺液损耗以及再生过程向胺液系统带水和金属离子等问题[17]。

电渗析是一种采用直流电以及选择性离子透过膜实现脱盐的方法。美国的 Union Carbide 公司（后被 Dow 收购）最早在实验室利用电渗析方法净化胺液中的热稳定盐，目前国外主要有道化学公司的 UCARSEP® 电渗析净化技术和加拿大 Electrosep 公司的 ElectroSep® 工艺。电渗析室的结构是在正负电极板之间阴阳离子选择性透过膜交替排布，形成盐水室和胺液室，在电场作用下胺液中的带电粒子发生定向移动并通过阴阳离子透过膜，胺液中的离子进入盐水中被脱除。相比于离子交换技术，电渗析技术所需要使用的化学试剂量少，且不存在向胺液系统中带水等问题，不存在再生树脂产生的含碱废水后续处理问题，是一种相对绿色环保的技术。但电渗析的缺点与离子交换一样，不能脱除不带电的污染物，在前端需设置过滤设备以保证膜的使用寿命。国内电渗析技术应用尚处于起步阶段，相比于 UCARSEP® 等技术尚有差距，整体脱盐效率低，胺液回收率在 96%~98% 之间，浓盐水中夹带胺液导致 COD 含量达数万毫克每升，给后续水处理带来一定困难。此外，核心膜组件尚需进口，国产膜存在离子选择性低、寿命短等问题[18]。

蒸馏回收、离子交换和电渗析三种技术中，电渗析技术能耗适中，胺液回收率高，污染物排放量小且相对容易处理，在当前倡导绿色环保发展理念的背景下更适合我国国情。除上述三种主要的成熟技术外，还应在吸附、沉淀、纳滤及抽提等其他有潜力的技术手段上进行更多研究，探索新的胺液净化成熟路线。为弥补技术本身的不足，也可考虑将上述技术组合应用，以实现更低能耗、更高回收率、更深度净化能力及更少污染物排放的目标。

六、节能技术和节能设备

活化 MDEA 碳捕集工艺主要采用以下节能技术和设备：

（1）采用二段吸收二段再生工艺，提高半贫液与贫液比例，节约能耗。将中压解吸气返回吸收塔，适当降低中压解吸塔压力，提高 H_2 回收率，从而降低吨产品能耗。

（2）采用水力透平驱动半贫液泵，回收利用液体压头能，节约电耗。

（3）采用溴化锂制冷装置回收 MDEA 溶液余热，制取冷冻水用于其他系统的冷却。

七、技术应用情况及效果

我国 MDEA 的应用始于 20 世纪 80 年代中期，至 90 年代初，我国天然气净化厂只有四川的几套 MDEA 装置；然而据有关方面估算，采用 MDEA 所获得年增收节支效益超过 2000 万元。我国由于天然气工业方面的后发优势，在发现 MDEA 的优良性能后即一再推广应用。在我国现有的天然气净化厂中，使用 MDEA 的脱硫脱碳装置占有统治地位[19]。

目前，国内脱碳工程比较好的有中国海洋石油公司（CNOOC）天然气 $500\times10^4m^3/d$ MDEA 法脱除 CO_2 工程、印度尼西亚石油公司提供了天然气 $400\times10^4m^3/d$ MDEA 法脱碳工程、海南海然能源有限公司的 $38\times10^4m^3/d$ MDEA 法脱碳工程（配套 LNG 项目）。生产中已经应用的天然气 MDEA 法脱碳工艺流程归纳起来主要有 4 种：第一种为一段碳吸收，一段再生液循环；第二种为两段重复碳吸收，两段再生液循环；第三种为两段重复碳吸收，一段再生液循环；第四种为两段重复碳吸收，半贫液闪蒸再生[20]。

重庆建峰 $45\times10^4t/a$ 合成氨厂采用了 BASF 公司的 aMDEA 工艺脱碳，该系统设计为将变换气中的 CO_2 清除到 $500mL/m^3$ 的水平，并能在满负荷的基础上日产 2025t CO_2。MDEA 技术在建峰二化 $45\times10^4t/a$ 合成氨装置成功应用，标志着该技术日益完善成熟，其操作安全性、高工艺灵活性、优异的净化效果（净化气在 $500mL/m^3$ CO_2 或以下）、较少操作波动（如发泡）、较低运营成本（如溶液补充、能源）、较少维护成本（如腐蚀、水锈）和在线运转率最大化等得到验证，在装置性能考核中完全达到设计指标。aMDEA 工艺存在的主要问题：（1）国产 MDEA 中的有效组分 *N*- 甲基二乙醇胺的纯度达不到国外同类产品标准（99.9%），有可能对脱碳带来不良影响。（2）国内有部分企业发现溶剂发泡，造成夹带现象严重。因此，使用中须添加消泡剂，而这一举措又势必造成环境污染。另外，该溶剂易受粉尘、硫、铁离子的污染而影响使用性能[21]。

宁夏石化公司二化肥合成氨装置脱碳系统采用 MDEA 工艺，为一段吸收两段再生工艺流程。150% 扩能改造设计中，改用了 BASF 公司的 MDEA 作脱碳吸收剂，而对整个流程未做改动。脱碳液的组成为 45%（质量分数）MDEA+3%（质量分数）哌嗪 +52%（质量分数）脱盐水，总体运行状况良好。从开车至今，脱碳系统一直在维持系统的水平衡方面存在问题，检查设备和管线发现有内漏情况，经过操作参数调整和改造后实现了平稳运行[22]。宁夏石化公司化肥一部合成氨装置脱碳系统采用了中国石油自主技术和国产 MDEA 溶液，其 MDEA 脱碳装置如图 4-16 所示。

图 4-16　宁夏石化化肥一部 MDEA 脱碳装置图

广西河池化工股份有限公司脱碳原采用改良热钾碱法，再生热能耗偏高，采用活性 MDEA 脱碳技术进行改造后，节能效果明显，经济效益和环保效益显著[23]。

中海油东方天然气处理厂第二套脱碳装置采用国内技术，年处理 CO_2 含量在 30% 左右的天然气 $8\times10^8m^3$。装置运行稳定，年平均完好运行天数达 350 天。

净化气中 CO_2 含量小于 1.5%（体积分数），完全满足了下游用户对气质的要求。这些充分证明了国内自主研发的，具有 MDEA 贫液、半贫液二段吸收，减压、汽提二次解吸再生特点的脱除 CO_2 技术应用于大规模天然气 CO_2 脱除装置是合理和可行的。通过操作技术人员、科研和设计人员在多年运行过程中的摸索和改进，彻底解决了装置运行初期出现的液力透平驱动半贫液泵的启动冲击、井口处加注缓蚀剂及极少量重烃凝液对 MDEA 溶液的污染等问题。此外，通过对活化剂配方及添加比例进行调整，CO_2 在吸收塔中的吸收效率更高，节能效果更明显。通过不断改进，国内大规模 MDEA 脱碳技术更趋完善、成熟。国内研发的、利用添加活化剂 MDEA 溶液大规模脱除天然气中 CO_2 的技术近年来在中国海油已得到广泛应用，并且该技术已出口到了印度尼西亚[24]。

青海盐湖工业股份有限公司合成氨装置脱碳系统原设计为热钾碱脱碳工艺，装置现场冬季气温低、昼夜温差大，热钾碱溶液在 20℃ 以下极易结晶，且运行成本较高。采用南化研究院的多胺法（改良 MDEA）脱碳工艺进行改造。正常运行后，各项工艺指标均控制在设计范围内，整体运行稳定；净化气、CO_2 纯度高；溶剂循环量低于设计值，吸收温度和再生温度低，再生能耗低，运行至今，再沸器热量完全满足溶液再生需求，无外管蒸汽消耗。吸收温度较低，可以最大限度地回收低温变换气热量，并可以将温度较低的低温变换气内的工艺冷凝液彻底分离，易于保持溶液的水平衡。MDEA 脱碳系统投料至今，系统内未添加消泡药剂，未发生一起泛塔事故，取样分析 MDEA 溶液铁离子稳定在 25mg/L 以下，溶液泡高、消泡时间都在指标范围内。3 年共向系统补充 23t 的 MDEA 溶液，大部分由换热器和机泵检修等造成溶液损失，溶液损失量小。MDEA 溶液总体补充量小，运行成本较低。但也存在一些问题，装置运行期间，经过现场在线壁厚测量发现，部分管道和管件存在腐蚀。主要腐蚀部位为碳钢管道上的减压阀后直管段和碳钢异径管，这是由于溶液减压后溶解在 MDEA 溶液内的 CO_2 酸性气体微量闪蒸析出，对管道和管件造成腐蚀冲刷。为了解决这一问题，在脱碳系统投入运行后的第二年大检修期间，将容易造成腐蚀冲刷的碳钢管件和管道升级为不锈钢材质，进一步提高了装置的安全性。由于装置的循环水硬度大，水质较差，循环水处理难度大，脱碳系统的贫液水冷器和半贫液水冷器换热管结垢，影响溶液换热效果，导致进吸收塔贫液、半贫液稍有超温，影响吸收效果，通过清洗水冷器的方法来解决[25]。

第四节　热钾碱碳捕集技术

一、技术适用范围

热钾碱法在合成氨、制氢、天然气等石油化工行业中应用广泛，是工业上应用最多的脱碳方法，尤其适合于 CO_2 浓度较低的原料气处理。但由于常压下吸收速率相对较慢等原因，热钾碱法在处理电厂烟道气等常压气体时不具优势。

二、国内外技术现状

热钾碱法脱碳工艺是世界上广泛使用的脱碳工艺之一，世界上各种类型的热钾碱脱碳装置已逾千套，目前全国约有 70% 的大中型合成氨厂采用热钾碱工艺脱碳[28]。

早期碳酸钾溶液脱除气体中 CO_2 在常温条件下进行，为防止出现沉淀，碳酸钾溶液浓度被限定在 12%（质量分数）左右，因而早期工艺只适用于烟道气 CO_2 回收等少数领域。1950 年，美国矿务局的 Benson 和 Field 及其同事在煤合成液体燃料的过程中将其用于煤制合成气中的酸性气体脱除，开发出了著名的热钾碱工艺，极大拓展了该工艺的应用范围。在热钾碱工艺中，CO_2 的吸收温度与再生温度相近，接近于其在大气压下的沸点，碳酸钾浓度可高达 40%（质量分数）而不出现沉淀，因而溶液循环量小，热量消耗降低，设备小型化。而温度较高时，碳酸钾溶液的腐蚀性很强，这是热钾碱工艺的最大缺点。为克服此缺点，在热钾碱工艺的基础上出现了许多改进的热钾碱工艺。改进工艺采用的溶液仍为热碳酸钾溶液，但加入了不同活化剂及腐蚀防护剂，形成各种专利技术，主要包括 Benfied 工艺、G–V 工艺、Catacarb 工艺、Carsol 工艺等。活化剂的使用加快了碳酸钾溶液 CO_2 吸收速率和再生速率，使净化气中 CO_2 含量降得更低，蒸汽消耗更少，同时还可以用于脱硫，使得该工艺在制氢和合成气净化等领域得到广泛应用。后续国内外热钾碱法脱碳工艺技术进步主要围绕两个方面进行：一是开发新型活化剂（催化剂），提高溶液吸收后再生的性能，同时降低再生能耗；二是开发新流程、新设备，合理分级利用热量，提高再生效率，大幅降低再生能耗。

1. 国外新型活化剂研究现状

Exxon 公司的天然气净化装置的新型胺类活化剂，吸收能力较常规热钾碱工艺提高 60%，溶液循环量和再生蒸汽消耗分别降低 30%[29]，该技术在高酸性环境下运行，无腐蚀、发泡等现象。

UOP 公司开发了新型有机活化剂 ACT–1，于 1992 年工业应用，至今已有 20 多套脱碳装置，我国云天化集团有限责任公司合成氨也采用了该技术。该活化剂的吸收能力与 Exxon 公司的新型胺类活化剂相似，设备尺寸小、填料少，能耗低，投资与运行费用低。

2. 国内新型活化剂研究现状

国内南化研究院从 1982 年起进行胺活化剂的探索性研究，通过实验室实验、模拟实验和工业化试验研究开发出了新型胺脱碳技术。该技术与 DEA 活化热钾碱溶液相比，吸收能力可提高 30%，再生能耗降低 30% 以上，齐鲁石化脱碳装置应用了该技术[29]。

3. 国外低能耗工艺流程开发

国外公司开发了数十种节能工艺流程，比较著名的有 UOP 公司开发的低能耗（Lo–Heat）热钾碱脱碳工艺。该工艺利用蒸汽喷射器或机械压缩机对贫液进行抽吸，使其减压闪蒸，闪蒸出的蒸汽压缩后直接作为再生塔的汽提蒸汽，以节约外供热量，称为（半）贫液闪蒸再生技术。为了进一步提高能量回收效率，经过改造形成 Lo–Heat 的改进型工艺。国内多家企业引进了四级喷射闪蒸技术，以及四级喷射闪蒸＋机械压缩机节能工艺，还有利用（半）贫液闪蒸的双塔再生工艺和UOP公司提出的采用直接接触器的再生工艺。后者属于变压再生工艺，其特点是将蒸汽汽提与闪蒸相结合，有效地利用再生塔顶排气和塔底贫液中的低品位热能强化闪蒸系统的汽提。从所开发的各种低能耗工艺可以看出，节能不仅仅是各种耗能设备的简单分级组合和热能的简单重复利用，而是从更深的层面对低品位热能的挖掘利用。

4. 国内低能耗工艺流程开发

南化研究院针对低热值变换气条件，开发出一种新型热钾碱脱碳工艺—低供热源变压再生工艺。该工艺主要具有如下特点：

（1）变压再生工艺的两个再生塔不同的压力和溶液流量的分配主要依据变换气的热量多少和品位。

（2）该工艺中的流程和操作参数是依据造成加压再生塔与常压再生塔压力差值满足可调式亚声速喷射器的设计要求来确定。根据生产负荷，选择可调式亚声速喷射器的操作条件，达到最佳喷射效果，充分利用加压再生塔顶解吸出来的再生气去常压再生塔抽吸，降低CO_2分压，增大溶液的解吸推动力，从而减少半贫液汽提蒸汽的需要量，更进一步挖掘了低品位热能的开发利用。

（3）由于常压再生塔被抽吸，其塔底温度比加压再生塔底低15~25℃，为了充分利用变换气的热量，该工艺流程中采用两个变换气煮沸器，变换气在加压再生塔底煮沸贫液后，仍可去常压再生塔底煮沸器加热半贫液，使低品位热能也能用于溶液再生。

（4）通过贫液闪蒸槽，将带压的高温贫液进行减压闪蒸，闪蒸气作为常压再生塔的再生用蒸汽，从而使再生所需的外供蒸汽量减少。

（5）流程包含加压再生塔的加压闪蒸段和加压汽提段，以及常压再生塔汽提段，其中加入填料或塔板以增加气液传质效率；喷射器必须采用可调式亚声速喷射器，并要求与变换气热源条件相匹配。该技术已应用到近20套合成氨装置[26]。

三、热钾碱技术及特点

1. 工艺技术

热钾碱法是传统的脱碳方法，包括苯菲尔德法、改良砷碱法（G-V 法）、卡苏尔法等，已有 60 多年历史。热钾碱法的原理是利用碳酸钾溶液（90~110℃）在加压下吸收 CO_2 生成碳酸氢钾来脱除 CO_2，之后在减压下高温加热富液，使碳酸氢钾分解释放 CO_2 生成碳酸钾，溶液循环使用。

1）工艺原理

热钾碱法吸收脱除 CO_2 的过程是一个化学吸收过程，无活化剂的 K_2CO_3 水溶液吸收 CO_2 的反应分以下几步进行：

$$K_2CO_3 \rightleftharpoons 2K^+ + CO_3^{2-} \tag{4-37}$$

$$H_2O \rightleftharpoons H^+ + OH^- \tag{4-38}$$

$$OH^- + CO_2 \rightleftharpoons HCO_3^- \tag{4-39}$$

$$H^+ + CO_3^{2-} \rightleftharpoons HCO_3^- \tag{4-40}$$

$$K^+ + HCO_3^- \rightleftharpoons KHCO_3 \tag{4-41}$$

上述反应步骤中，以溶解在溶液中的 CO_2 与 OH^- 之间的反应（4-39）最慢，是整个反应的控制步骤。为了加快 CO_2 吸收速率和解吸速率，在溶液中加入活化剂，如三氧化二砷、硼酸或磷酸、有机胺类物质。加入醇胺或氨基乙酸等活化剂后，CO_2 的反应历程会发生变化，以 DEA 为例：

$$R_2NH + CO_2 \rightleftharpoons R_2NCOOH \tag{4-42}$$

$$R_2NCOOH \rightleftharpoons R_2NCOOH^- + H^+ \tag{4-43}$$

$$H^+ + CO_3^{2-} \rightleftharpoons HCO_3^- \tag{4-44}$$

$$R_2NCOOH^- + H_2O \rightleftharpoons R_2NH + HCO_3^- \tag{4-45}$$

可见，R_2NH 在整个反应过程中只是循环使用，没有消耗。在上述 4 个反应中，控制步骤是反应（4-42），而此反应的速率却远快于反应（4-39），加入少量的烷基醇胺或氨基乙酸作活化剂可加快反应速率，使总的 CO_2 吸收速率大大加快。

热碳酸钾溶液对碳钢的腐蚀性较强，特别是吸收 CO_2 后的富液腐蚀性更强，在溶液中加入缓蚀剂（如五氧化二钒），可降低溶液对设备的腐蚀。碳酸钾溶液吸收 CO_2 生成碳酸氢钾，其吸收过程是个可逆的体积缩小的放热反应，增加压力或降低温度将使反应向着正方向进行，降低压力或提高温度将使反应向着反方向进行，故热钾碱法先在加压下吸收 CO_2，后通过减压和加热汽提使溶剂得以再生。

各种热钾碱法溶液的基本组分都是碳酸钾。碳酸钾最高浓度为 40%（质量分数），工业上一般使用 25%~30%（质量分数）的碳酸钾溶液。碳酸钾质量分数高，吸收 CO_2 的容量大，可减少动力消耗；但质量分数高，溶液的结晶温度也会高，容易结晶而堵塞管道和设备，影响正常操作。对于吸收 CO_2 的速率，也不是质量分数越高越好。随着碳酸钾质量分数的增加，黏度增大，反而影响 CO_2 的吸收速率。

由于碳酸钾在水中的溶解度随温度的升高而增加，而溶液的吸收能力随碳酸钾的浓度提高而增大，碳酸钾溶液吸收 CO_2 的过程都在较高温度下进行，通常吸收温度为 105~110℃，再生温度为 105~115℃。

2）热钾碱法专利技术简介

为加快碳酸钾溶液 CO_2 吸收和再生，往往在碳酸钾溶液中添加各种活化剂。

（1）意大利 Giammarco 公司的 G-V 法以 As_2O_3、氨基乙酸为活化剂，工业化装置数量约 200 套。

（2）美国 UOP 公司的 Benfield 法（苯菲尔德法），以二乙醇胺为活化剂的改良热钾碱法，工业化装置数量约 600 套。

（3）美国 Eicheyer Associata 公司的 Catacarb 法（卡特卡朋法），以二乙醇胺、氨基乙酸与硼酸组成复合活化剂或双活化剂，工业化装置数量约 100 套。

（4）比利时 Carbochim 公司的 Carsol 法（卡苏尔法），以烷基醇胺为活化剂，工业化装置数量约 31 套。

（5）美国 Exxon 公司的 Flexsorb 法，以空间位阻胺类为活化剂，工业化装置数量非常少。

Benfield 法、Catacarb 法、Carsol 法所用的活化剂大同小异，均为烷基胺类。G-V 法早期使用 As_2O_3 为活化剂，吸收速率快，近年来 G-V 法采用无毒氨基乙酸取代 As_2O_3 作为活化剂。Flexsorb 法是溶液中加入一种空间位阻胺类为活化剂，是最新发展的工艺，其吸收能力可提高 20%~40%，吸收速率增大 100% 或更高。以上改良热钾碱法中以 UOP 公司的 Benfield 法最为突出，不断开发出新的节能工艺，是最为节能的化学吸附工艺，应用最为广泛。

3）工艺流程简述

（1）热钾碱法的典型流程。

热钾碱法的典型流程如图 4-17 所示。

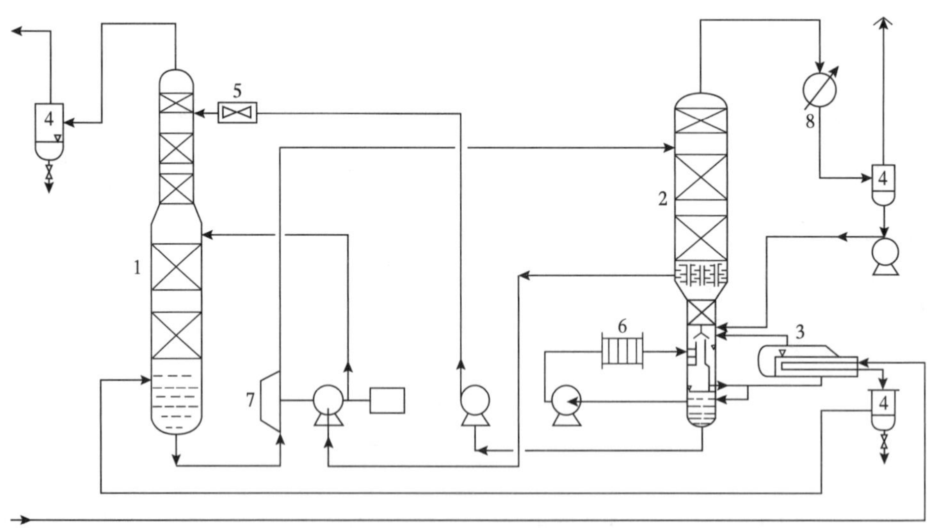

图 4-17　热钾碱法的典型流程

1—吸收塔；2—再生塔；3—再沸器；4—分离器；5—冷却器；6—过滤器；7—水力透平；8—冷凝器

（2）Benfield 基本流程。

Benfield 基本流程（图 4-18）为简单的一段填料设计，采用传统的填料塔或板式塔直接进行气液逆流接触，主要适用于净化气中 CO_2 含量为 1%~5%（体积分数）的情况。要获得更高的 CO_2 净化度，可采用分流式吸收塔设计和二段式吸收再生工艺设计，净化气中 CO_2 含量可分别降至 0.1%（体积分数）和 0.05%（体积分数）[25]。

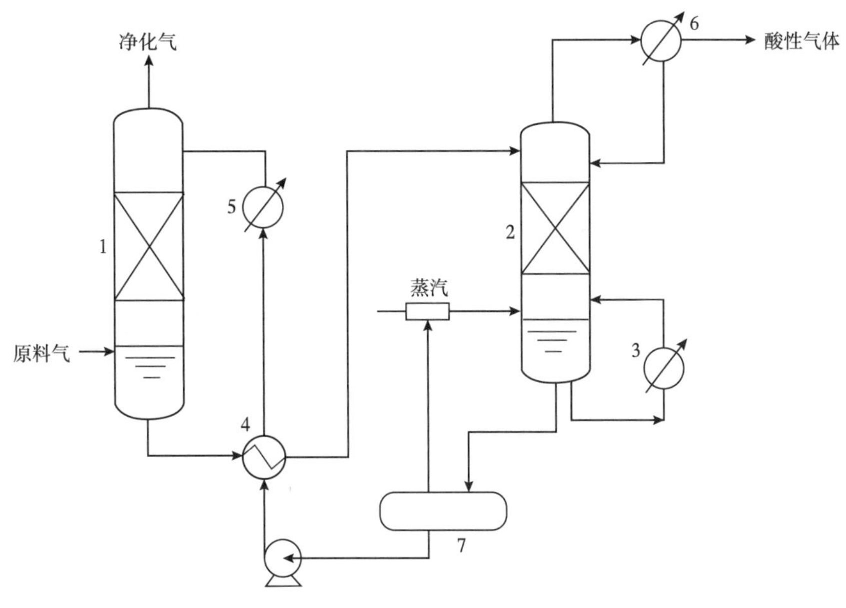

图 4-18　Benfield 工艺基本流程

1—吸收塔；2—再生塔；3—再沸器；4—热交换器；5—冷却器；6—冷凝器；7—缓冲罐

（3）Benfield-HiPure 流程（图 4-19）。

HiPure 流程是在 Benfield 工艺和 DEA 工艺的基础上发展起来的，以两种不同方法交替使用而联合组成一个系统，也可单独采用其中任何一种方法以节省操作费用。HiPure 工艺以 Benfield 工艺进行粗脱，采用 DEA 工艺进行精脱，在流程上将吸收塔分为二段，上段用 DEA 溶液吸收，下段用 Benfield 溶液吸收，并用温度较高的 Benfield 溶液预热 DEA 溶液，然后进入二段再生塔，用同一股蒸汽汽提再生 Benfield 溶液和 DEA 溶液，进一步降低了能耗。大量的 CO_2 由 Benfield 溶液吸收，而这种溶液即使在高酸性气体负荷下也不会引起严重的腐蚀问题，而进入上段的 CO_2 含量不高，用 DEA 吸收可提高净化度，又不引起腐蚀和起泡。由于有 DEA 溶液作为保证，Benfield 溶液不必再生得太彻底，可节省再生能量。HiPure 工艺结合了 Benfield 工艺再生能耗较低和胺法脱硫工艺产品气净化度较高的优点，净化气中 CO_2 含量低于 $20mL/m^3$，H_2S 含量低于 $1mL/m^3$。该工艺虽然要增加投资费用，但比常规的 Benfield 装置可节省再生能耗约 22%。

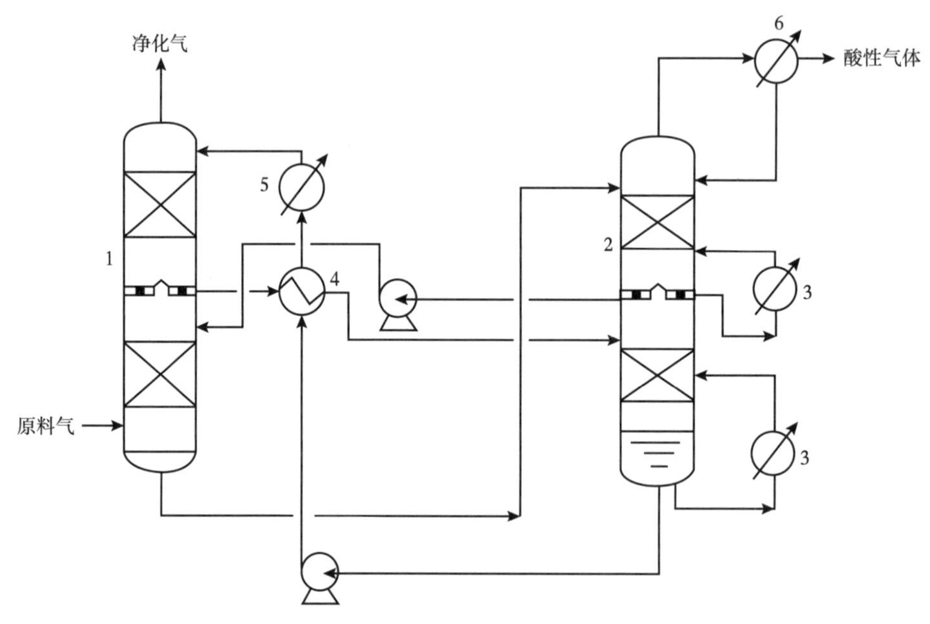

图 4-19　Benfield-HiPure 工艺流程

1—吸收塔；2—再生塔；3—再沸器；4—热交换器；5—冷却器；6—冷凝器

（4）Benfield-LoHeat 流程（图 4-20）。

LoHeat 工艺通过再生贫液减压和闪蒸蒸汽压缩来回收热量，主要是引入蒸汽喷射器，使富含 CO_2 溶液的闪蒸蒸汽经喷射器增压后送回再生塔作汽提剂，用于提供部分再生所需要的热量，以减少塔底再沸器的外部供热，其二段吸收、一段再生并采用四级蒸汽喷射器的流程。LoHeat 工艺减少了在相同再生效果和相同产品气净化度下所需的外部供热量。由于系统运转的外部热量降低，也相应减少了酸性气体和贫液的冷却负荷。采用一级喷射器可降低 25% 的再生热量消耗，而多级喷射器则可降低35%，目前应用的LoHeat工艺均采用多级喷射器设计。对于大多数新建装置，采用LoHeat工艺设计并不需要增加很多投资，其中添加设备所增加的投资可通过节省再沸器和酸性气体冷却器的投资来得到补偿。UOP公司又在原有LoHeat工艺基础上提出了增加第五级闪蒸以及采用压缩机对第五级闪蒸蒸汽进行增压并返回再生塔的复合LoHeat工艺流程，其脱除CO_2的能耗可进一步降低。

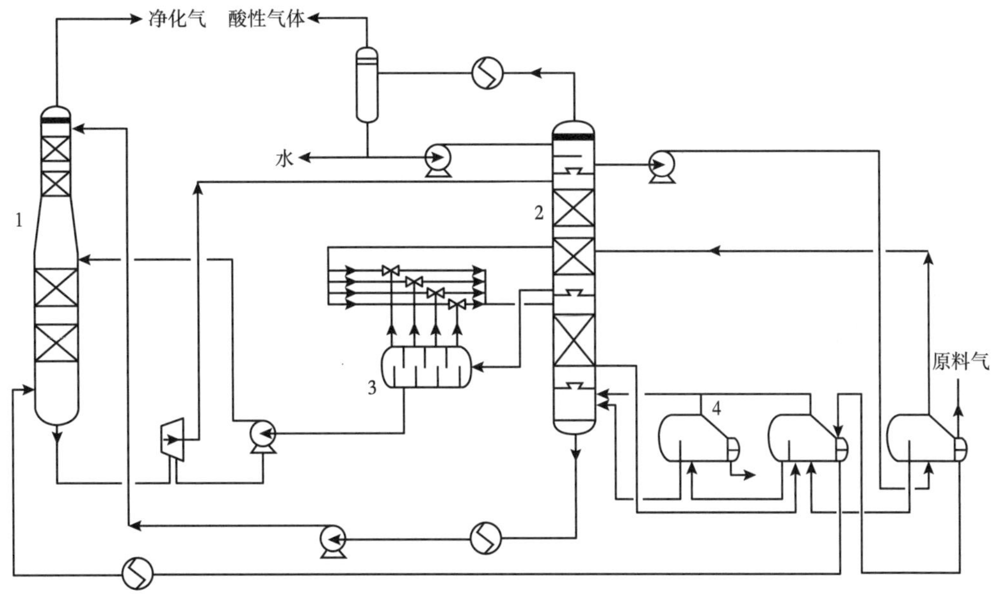

图4-20　Benfield-LoHeat工艺流程

1—吸收塔；2—再生塔；3—LoHeat闪蒸；4—LPS

（5）Benfield-PSB变压再生流程（图4-21）。

采用三段吸收、三段再生流程，包括高低压闪蒸再生和汽提再生。吸收塔下段采用半贫液，中段采用热贫液，上段采用冷贫液，因而其吸收效率较高，富液回收能量后进入闪蒸再生塔，该塔分为上下二段，上段为高压段，下段为低压段，溶液从上塔经减压阀流至下塔，塔上段用塔下段和再生塔来的蒸汽自下而上进行汽提，出下塔底的半贫液与出再生塔的贫液换热，解吸出的气体经压缩机升压后进入上塔；出闪蒸塔的半贫液一部分去吸收塔下段，另一部分进入再生塔，利用再沸器加热进一步再生成贫液，出再生塔顶部的水蒸气和 CO_2 返回闪蒸塔上段作为汽提气。

该工艺的主要特点是吸收塔出口 CO_2 含量可降至 500mL/m^3，同时可利用贫液的低品位热能进一步再生半贫液，因此可以减少溶液再沸器所需的热量，其脱除 1kmol CO_2 的热负荷降至 35.6~41.8MJ[25]。

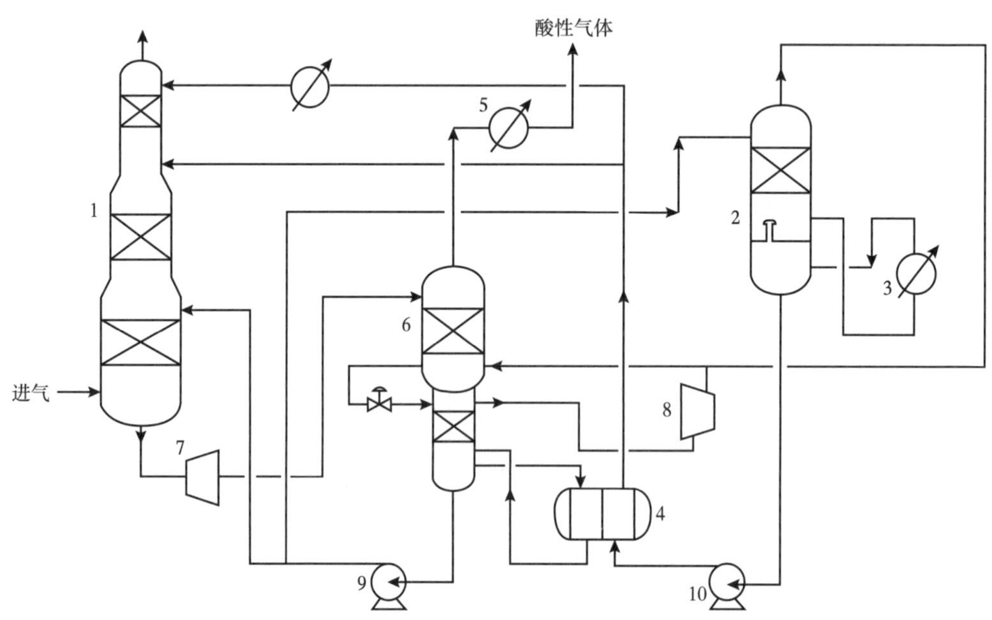

图 4-21　Benfield-PSB 变压再生流程

1—吸收塔；2—再生塔；3—再沸器；4—换热器；5—冷却器；6—闪蒸再生器；7—水力透平；8—蒸汽压缩机；9—半贫液泵；10—贫液泵

2. 技术特点

热钾碱法属于化学吸收法，其工艺特点如下：

（1）溶液吸收 CO_2 的能力强，吸收温度与再生温度基本相同，动力消耗低。

（2）CO_2 回收率高，净化度高，回收 CO_2 纯度高。

（3）热钾碱溶液具有吸收硫化氢和水解有机硫的能力。

（4）低成本、低毒性、低挥发，无降解，耐 NO_x 和 SO_2 等。

（5）处理量大。

（6）热钾碱法溶液易起泡，对碳钢腐蚀严重，需添加消泡剂、缓蚀剂等。

3. 能耗、物耗指标——以典型合成氨碳捕集为例

1）物耗

原料变换气 CO_2 含量为 18%~28%（体积分数），净化气含量低于 0.1%（体积分数），CO_2 回收率不低于 98%，产品 CO_2 纯度不低于 98.5%[27]。

2）能耗

不同活化剂的热钾碱法能耗见表 4-14。

表 4-14　不同活化剂的热钾碱法能耗

活化剂	能耗 /（$kJ/m^3\ CO_2$）
二乙醇胺（Benfield 法）	5225~5435
复合双活化剂（Catacarb 法）	4596~5435
氨基乙酸（G-V 法）	5852~6688
二亚乙基三胺（Carsol 法）	4598~5852
空间位阻胺（Flexsorb 法）	4182~4598

4. 技术创新点

主要是新型高效活化剂及高效节能流程。

四、关键工艺设备

热钾碱法脱碳工艺的设备较少，关键设备有再生塔、喷射器系统等。

1. 再生塔

再生塔是热钾碱法主要能耗设备，是节能的关键设备之一。再生塔采用双塔再生法，由意大利 GV 公司开发。由于进入再生塔的富液一步减压至微正压，因此塔下部再沸器供热产生的汽提蒸汽有相当一部分未被利用而从塔顶排出，进入冷凝器中。为改变这种不合理的用能状况，单塔再生改为双塔再生。

双塔再生工艺为变压再生，其特点是采用两个再生塔——主塔和副塔，

先在主塔内将富液减压，然后从主塔的不同高度处抽出不同再生度的溶液，减压后分别送至在微正压下操作的副塔，溶液在副塔内膨胀，产生蒸汽，在无外部供热的情况下完成再生。由于在该工艺中，主塔在加压下操作，可将通常由塔顶蒸汽带出的热量储存于溶液中，使其温度升高，使主塔 45%~55% 的热量在副塔中再次被利用而降低了能耗，主塔再沸器的外供热量可减少 30%~45%

2. 喷射器系统

喷射器系统是热钾碱脱碳工艺节能的关键，采用单级喷射系统对贫液进行抽吸，使其闪蒸，闪蒸汽经压缩后直接返回再生塔后作为汽提蒸汽，可节约能耗约 25%，采用了多级喷射器系统热回收率增加到 35%，而投资仅增加约 1%。设计越来越多地采用机械压缩系统，其再生能耗可节约 40%~70%。权衡压缩机增加的费用与再沸器和酸性气体冷凝器减少的费用，投资增加不到 10%。

五、主要污染物及处理

热钾碱法碳捕集技术所采用的碳酸钾溶液及活化剂可重复使用，无废物产生。

六、节能技术和节能设备

热钾碱法碳捕集工艺主要采用以下节能技术和设备：

（1）由于再生塔贫液温度高、吸收塔富液温度低，可通过贫富液换热回收贫液能量降低解吸塔的蒸汽消耗，同时降低贫液温度，减少循环水消耗。节能设备为贫富液换热器。

（2）低压闪蒸贫碳酸盐溶液，使其产生的闪蒸汽返回富碳酸盐再生塔作为汽提蒸汽，大大节约再沸器蒸汽消耗，降低能耗 25%~70%。节能设备为蒸汽喷射器系统或机械压缩系统，机械压缩系统相较蒸汽喷射器系统节能效率更高，但投资相对要高一些。

（3）由于贫碳酸盐吸收压力大于富碳酸盐再生压力，可利用水力透平回收高压吸收塔塔釜富碳酸盐溶液的能量，达到节能的目的。节能设备为水力透平。

（4）变压再生工艺可高效节能。其采用高低压主塔和副塔，主塔的不同高度处抽出不同再生度的溶液，减压后分别送至在微正压下操作的副塔，膨胀产生蒸汽，在无外部供热的情况下完成再生。主要设备为再生双塔。

七、技术应用情况及效果

我国现有的大中型合成氨厂采用的脱碳方法主要是热钾碱法，一些小厂则较多采用碳丙吸收法。在 20 世纪 70 年代引进的 13 套大型装置中，10 套采用传统的苯菲尔德法脱碳，3 套采用无毒 G–V 脱碳工艺。

随着合成氨技术的发展，20 世纪 80 年代各厂纷纷进行技术革新，将这些传统的高能耗的脱碳工艺改为较先进的蒸汽喷射等工艺，缩小了与国外先进水平的差距。其中有 6 家引进低能耗的脱碳工艺，使用喷射器（四级）半贫液闪蒸流程，节能约 27%。中原化肥厂脱碳采用三级蒸汽喷射器，最后一级用蒸汽压缩机，能耗降至 2717kJ/m^3 CO_2。泸天化（集团）有限责任公司引进使用蒸汽压缩机的闪蒸节能技术，能耗降至 1840kJ/m^3 CO_2，节能约 65%。中型合成氨厂有 7 家采用南化研究院开发的喷射闪蒸技术，如兴平化肥厂使用再生塔来的贫液进行三级闪蒸，温度从 112℃ 降至 102℃，节能 20%~30%[26]。

第五节　NHD 碳捕集技术

一、技术适用范围

NHD 化学名称为聚乙二醇二甲醚，主要成分是聚乙二醇二甲醚的同系物，分子式为 $CH_3O(CH_2CH_2O)_nCH_3$，式中 n=3~8。它是一种浅黄色或无色液体，接近中性，无味，无毒性，无腐蚀性，化学稳定性和热稳定性较好，使用时不起泡，不污染环境。NHD 是国内 20 世纪 90 年代初开发的一种高效物理吸收溶剂，国外广泛用于炼厂气、天然气、油田伴生气、合成气等工艺尾气中 H_2S、CO_2、COS、硫酸及硫醚等有害成分的脱除，尤其是对 H_2S 和 CO_2 具有较高的吸收脱除功能，对于脱水、脱油等方面也有突出功效和较好的选择性。

目前，国内 NHD 广泛应用于炼厂气、合成气、化肥厂、甲醇行业等脱碳回收，NHD 回收是物理吸收过程，受到 CO_2 浓度和气源压力的影响明显，在工业应用过程中是应用 NHD 还是 NHD 与其他吸附（吸收）方法相结合，还需要根据原料的性质具体分析。

二、国内外技术现状

20 世纪 60 年代，天然气脱 CO_2 装置采用的是 DEA 或 MEA 溶剂工艺技术。以美国得克萨斯的北方天然气公司的某工厂为例，该工厂天然气日处理量为 $570\times10^4m^3$，约有 10% 的天然气作为燃料生产蒸汽，巨大的能耗促使人们寻找一种低能耗、高效率的脱碳工艺。

后来以 Selexol 为物理吸收剂的碳捕集技术被美国联合化学公司（UOP）开发出来，Selexol 为聚乙二醇二甲醚（以四乙二醇二甲醚为主）。Selexol 可以脱除 H_2S、CO_2、COS 和硫醇，采用该溶剂的装置投资少、运行费用低，采用多段闪蒸的方法即可再生溶剂，特别适用于加压的煤气化流程。溶剂无腐蚀性、无毒性、不起泡，是一种理想的酸性气体物理吸收剂。据不完全统计，目前国外已有超过 30 套装置采用 Selexol 工艺脱碳。

国内的物理吸收法是在 20 世纪 70 年代开始开发的，NHD 法最开始是由南化研究院、杭州化工研究院和鲁南化学工业集团公司共同开发的一种物化性质较稳定的有机溶剂，并在鲁南化学工业集团公司 $8\times10^4t/a$ 合成氨原料气的净化装置上应用，其中“德士古水煤浆加压气化及 NHD 气体净化制合成氨新工艺”在 1994 年荣获化工部科技进步一等奖，1995 年荣获国家科技进步一等奖。NHD 气体净化技术在 1995 年 10 月于南宁召开的“国家科技重点推广计划会上”被列为国家“九五”科技成果重点推广项目。经过多年的开发，NHD 物理吸收工艺已经在石油炼制、化工尾气净化、煤化工脱碳及化肥等行业得到应用，是目前国内应用最广泛的脱碳工艺之一。

三、NHD 工艺技术及特点

1. 工艺技术

1）概述

NHD 法作为常用的脱碳工艺，其本身受到亨利定律的限制，因此原料的选择对其运行成本有着最重要的影响。以变压吸附尾气为例，最直接的问题是气源选择问题，即采用制氢中变气还是变压吸附尾气作气源。低压原料气的 CO_2 浓度比高压气高，理论上具有更高的回收价值，但是原料气浓度的提高，只是减少吸收塔的投资和操作能耗，而解吸、液化、精馏等工段的投资和消耗只与产品规模有关，浓度在 20%（体积分数）以上的 CO_2 气源，浓度对投资和能耗的影响变小。

采用变压吸附尾气作气源时，需要在原料进入吸收塔之前用压缩机把全部原料从 0.03MPa 增压到 2.5MPa，电耗较大，增加了投资和产品成本。

由于变压吸附尾气在制氢装置中通过转化炉燃烧后直接放空，因此转化炉对尾气中的氢气含量要求不变；而如果采用变压吸附尾气作原料，则吸收塔顶气体中氢气的含量将会大幅度增加，这股物料弃之可惜，返回又将影响转化炉的操作。而采用制氢中变气作气源的好处是，可以利用原有压力，原料经换热后直接进入吸收塔，而塔顶气不仅数量减少，氢气含量提高，而且仅需要把这部分气体由 2.4MPa 左右压缩到 2.6MPa 左右后送返制氢装置变压吸附入口，不仅节省了能耗，更重要的是没有影响制氢装置的正常操作和氢气产量。

与采用其他气体作为气源相比，由于制氢装置采用天然气为原料，而且在取气点之前为防止变压吸附吸附剂中毒而设有脱硫、脱水、脱砷磷等设施，对硫、砷、水、氨、氯、磷等杂质脱除得很彻底，因此，该气体杂质含量极少，烃组分也比较单一，可以省略食品级 CO_2 生产工艺中的脱硫等设施。

2）工艺方案及流程简述

选取炼厂制氢装置中变气作为原料，典型原料性质见表 4-15。该原料的特点是原料气压力在 2.3~2.5MPa 之间，中变气的 CO_2 浓度在 20%（体积分数）左右，该部分原料气压力高、浓度低，在整个装置的运行费用上具有一定的代表性。项目规模为 10×10^4t/a，即 6×10^4t/a 工业级 CO_2 和 4×10^4t/a 食品级 CO_2 产品。

表 4-15　原料性质表

项目		产氢 $10\times10^4m^3/a$ 工况
流量 /（m^3/h）		157860
温度 /℃		35
压力 /MPa		2.3
组成 /%（摩尔分数）	氢气	72.5
	氮气	—
	甲烷	6.43
	一氧化碳	2.86
	二氧化碳	18.22
	水	—

经过 NHD 溶剂吸收后解吸的粗二氧化碳产品指标见表 4-16。

表 4-16　粗二氧化碳组成

序号	组分	含量 /%（体积分数）
1	水	0.23
2	氢气	0.68
3	一氧化碳	0.10
4	甲烷	0.93
5	二氧化碳	98.06

粗二氧化碳产品经过吸附和中压精馏后制得食品级二氧化碳，质量执行食品级二氧化碳质量标准（GB 1886.228—2016《食品安全国家标准　食品添加剂　二氧化碳》），指标见表 4-17。

表 4-17　食品级二氧化碳（液态）质量标准

项目	指标
二氧化碳 含量 /[%（体积分数）]	99.9
水分 /（μL/L）	20
氧 /（μL/L）	30
一氧化碳 /（μL/L）	10
油脂 /（mg/kg）	5
蒸发残渣 /（mg/kg）	10
一氧化氮 /（μL/L）	2.5
二氧化氮 /（μL/L）	2.5
二氧化硫 /（μL/L）	1.0
总硫（除 SO_2 外，以 S 计）/（μL/L）	0.1
总挥发烃（以 CH_4 计）/（μL/L）	50（其中非甲烷烃≤ 20）
苯 /（μL/L）	0.02
甲醇 /（μL/L）	10
乙醛 /（μL/L）	0.2
环氧乙烷 /（μL/L）	1.0
氯乙烯 /（μL/L）	0.3
氨 /（μL/L）	2.5
氰化氢 /（μL/L）	0.5

3）工艺流程

原料的选择对于 CO_2 回收技术能否成功应用起着至关重要的作用，需要依据需求的不同灵活选择工艺技术和处理原料，NHD 脱碳主体工艺流程如下：

原料气经进出料换热器并通过分液罐分液后自下部进入脱碳塔，与从上向下流动的吸收剂贫液接触，气体中 CO_2 吸收进入液相，脱除部分 CO_2 的气体由塔顶分离出后，再经分液吸附出装置；吸收了 CO_2 的吸收剂富液自吸收塔底部流出，少部分进入溶剂精制器，脱出其中杂质，其余大部分吸收剂富液靠自压经压控阀进入高压闪蒸器，释放出高闪气，高闪气主要为轻组分气体和少量 CO_2，高闪气经分液后回用。

自高压闪蒸器底部流出的吸收剂富液经液控阀进入低压闪蒸器，释放其中溶解的 CO_2 气体，从顶部引出分液后经压缩机压缩送到吸附装置进一步净化。

从低压闪蒸器底部引出的溶剂经压控阀进入真空闪蒸塔分离出溶剂中的气体，真空气与粗 CO_2 混合送至提纯部分。分离后的溶剂用溶剂循环泵送回到吸收塔中循环使用。经该单元处理后，CO_2 的浓度达到 98%（体积分数）以上，含有一定量的轻组分气体，也含有一部分溶剂挥发出来的杂质，NHD 法解吸制得的 CO_2 浓度无法满足食品级和大多数工业级对 CO_2 浓度的要求，需要采用其他技术手段除去超标杂质，然后根据需要再液化。

由提浓单元出来的 CO_2，进入分水罐分离水分，进入压缩机增压，再经冷却分水、稳压后进入干燥床，用干燥剂干燥脱水，然后进入吸附床脱除杂质；再被冷冻机降温液化，进入精馏塔。轻组分氮气、氢气、氧气全部从塔顶除去，塔底得到纯度为 99.995% 以上的 CO_2 产品，经储存后装瓶出厂。

干燥床和吸附床都设计为两台，内装干燥剂和多种高效吸附剂。两个床轮换操作，生产连续进行。整套流程设计为食品级产品工艺，也可以设计为同时生产工业级和食品级两种产品工艺，根据市场情况灵活调整工艺操作参数，生产两种不同规格的产品，市场应变力和适应性强。

NHD 法捕集 CO_2 工艺流程如图 4-22 所示。

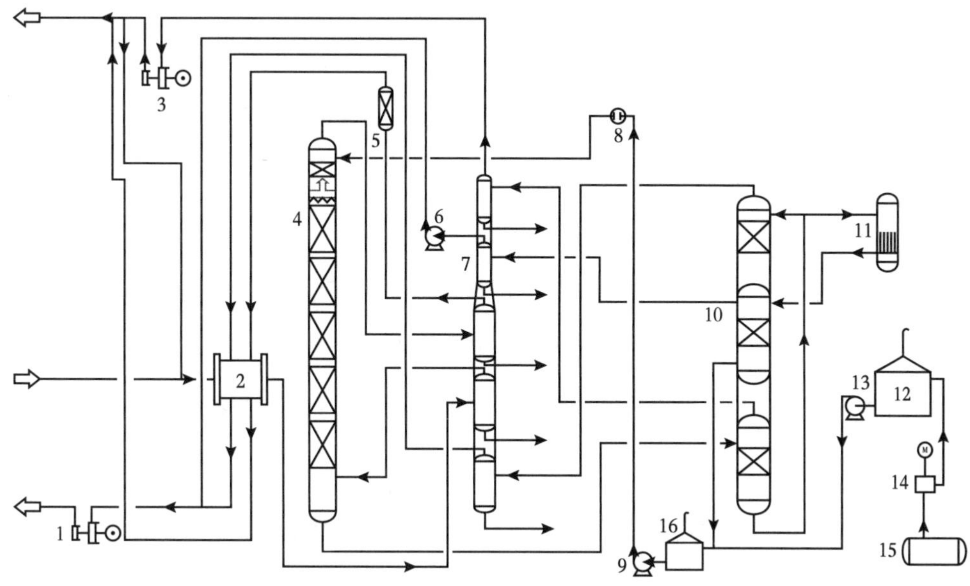

图 4-22　NHD 法捕集 CO_2 工艺流程图

1—CO_2 压缩机；2—脱碳塔进料换热器；3—高闪气压缩机；4—脱碳塔；5—吸附罐；6—真空泵；7—复合分离罐；8—脱碳塔进料冷却器；9—溶剂循环泵；10—高压闪蒸塔；11—溶剂过滤器；12—溶剂储罐；13—溶剂泵；14—溶剂加入泵；15—溶剂回收罐；16—中间储罐

主要操作条件见表 4-18。

表 4-18　主要操作条件

主要设备		温度 /℃	压力 /MPa
脱碳塔		15	2.6
高压闪蒸罐		15	1.3
低压闪蒸罐		15	0.05
CO_2 压缩机出口		40	3.0
干燥器		40	3.0
精馏塔	进料	-10	2.85
	塔顶	-14	2.8
	塔底	-6	2.83

2. 技术特点

近几年发展的 NHD 净化技术在煤制气和焦炉气脱出酸性气体中得到了广泛的应用，并且取得了良好的效果，为工业化的气体脱酸提供了有利的工艺支持。在使用 NHD 法回收 CO_2 过程中发现了 NHD 净化技术的优势和有效使用方式。

（1）NHD 技术在正常的操作步骤和状况下，脱碳后气体中的 CO_2 含量保持在 1%（体积分数）以下，CO_2 的回收率比较高；

（2）能够进行选择性的吸收，其对 COS 和 CO_2 气体的选择性比较高，有利于后续的 CO_2 提纯操作；

（3）使用 NHD 技术溶剂腐蚀性低，此技术的工艺装置通常采用碳钢制作，使得投资的费用大大减少，机器设备的使用周期长，维修量较低且较小；

（4）产生的溶剂蒸气压低，挥发的溶剂少，溶剂损失小；

（5）产生的溶剂有比较好的热力学稳定性，不发生降解和氧化作用；

（6）NHD 溶剂无味、无毒，不会对人、环境和动物产生毒害；

（7）NHD 的再生和吸收过程中能耗低，只是在再生和脱水过程中消耗少量的蒸汽，装置的运行费用低。

使用 NHD 法进行 CO_2 回收，能够做到有效节能和高效脱碳。该技术具有良好的选择性、较好的操作弹性、较少的溶剂消耗、简单的工艺操作流程和较好的经济效益等诸多优势。也正是基于这些优势，NHD 净化技术在各个行业得到了广泛的应用并取得了良好的效果。随着其广泛的工业应用，NHD 技术日渐成熟和完善，能够促进 CCUS 技术的不断进步和发展。

3. 能耗、物耗指标

装置消耗见表 4-19。

4. 技术创新点

NHD 法回收 CO_2 过程中，对于装置内的操作温度、操作压力、水含量和循环量等都有着较为严格的要求，运行范围不合理会导致 CO_2 回收率降低、装置的公用工程消耗提高、能效升高等缺点。

表 4-19　装置消耗表

序号	项目	单位	消耗量	
			每小时	每年
（一）	公用工程			
1	循环水	t	600	504×10^4
2	新鲜水	t	60	间断
3	电	t	2400	2016×10^4
4	净化风	m^3	80	67.2×10^4
5	非净化风	m^3	160	间断
6	氮气	m^3	160	间断
7	蒸汽	t	4	间断
（二）	主要辅助材料			
1	NHD	t		140（一次装填）
2	干燥剂	t		14（8 年）
3	吸附剂	t		14（8 年）
4	瓷球	t		2（一次装填）

注：装置规模为 10×10^4t/a，年操作时间 8000h。

同时，NHD 是一种低蒸气压、低比热容、流动性好且腐蚀性较低的有机溶剂，与离子液体复配后，既能发挥 NHD 溶液本身的优点，还能克服离子液体对 CO_2 吸收的缺点，具有良好的技术创新性。

1）NHD 法运行优化方案

（1）提高气相运行压力。

NHD 溶液吸收 CO_2 是一个典型的物理吸收过程，当 CO_2 在脱碳过程中分压不高时，其在 NHD 溶液中的平衡浓度符合亨利定律，即

$$C_i=H_i p_i \tag{4-46}$$

式中 C_i——CO_2 在液相中的摩尔分数；

H_i——亨利常数的倒数，kPa^{-1}；

p_i——CO_2 分压，kPa。

气相中的 CO_2 分压可以按照道尔顿分压定律进行计算，即

$$p_i=p y_i \tag{4-47}$$

式中 p——气相总压力，kPa；

y_i——CO_2 在气相中的摩尔分数。

提高脱碳进口气相压力，CO_2 在 NHD 溶液中的溶解度增大，有利于原料气中的 CO_2 被吸收。根据物理吸收的这一特性，将方案优化如下：

在考虑 CO_2 的回收率和装置的整体能耗情况下，在日常操作过程中，严格控制系统的操作压力，稳定脱碳系统的压力在 2.5~3.2MPa 之间。

利用检维修的机会对脱碳装置进口原料气分离器丝网、净化器分离器丝网、换热器等静设备定期检查清洗，降低装置系统阻力，提高系统的压力。

（2）降低入口气体温度。

如前所述，NHD 溶液吸收气体中的 CO_2 是物理吸收过程，其平衡溶解度随着操作温度降低而升高。因此，NHD 脱碳操作温度越低，越有利于加大 CO_2 的吸收能力，进入脱碳装置的气体温度越低，带入脱碳系统的热量越少，对 NHD 溶液升温影响越小。

在部分工程中，在脱碳塔气体进口处增加一台溴化锂换热器，降低入口气的温度。例如，在某合成氨装置中的脱碳工艺将进口变脱气（变换脱硫后的气体）的温度由 40℃ 降至 20℃，对 CO_2 吸收的效果改善明显，但是入口温度要跟整个装置的回收要求相匹配，以达到技术稳定、经济效益明显的结果。

（3）降低 NHD 溶液的水含量。

NHD 溶液在吸收、解吸再生过程中同时会吸收气体中的水蒸气，随着装置的运行，NHD 溶液中的水含量逐渐提高，当溶液中水含量不低于 5%（质量分数）

时，NHD 溶液吸收 CO_2 的能力逐步下降，脱碳出口 CO_2 指标因 NHD 溶液吸收能力下降而上涨，影响脱碳装置及后续工段的运行。NHD 法装置实际运行过程中就发生过因水含量过高而被迫停车的工艺事故。

（4）降低 NHD 溶液杂质含量。

脱碳装置进口气体中含有少量的 H_2S，虽然 NHD 溶液本身没有腐蚀性，但是随着装置的运行，气体中的 H_2S 与碳钢管道长时间接触腐蚀生成 FeS，这些硫化物颗粒在溶液中会长时间存在，影响 NHD 溶液的纯度，进而影响溶液对 CO_2 的吸收情况。

在装置的实际运行过程中，在富液泵出口增加一台陶瓷溶液过滤器，降低溶液中的颗粒物和杂质含量，过滤后的清液返回到溶液储槽中，在实际运行过程中溶液质量得到明显改善。

（5）提高 NHD 溶液循环量。

脱碳装置在进口气量一定，操作温度、操作压力等工艺相同的条件下，脱碳出口 CO_2 的指标随着气液比增加而逐步降低，气液比的影响见表 4-20。

表 4-20　气液比的影响

序号	气液比 /（m^3/m^3）	溶剂吸收 CO_2 能力 /[m^3/m^3（CO_2/ 溶剂）]	进塔气 / %	出塔气 / %
1	43.2	11.0	25.6	0.1
2	49.8	12.9	26.2	0.4
3	54.0	14.2	26.0	0.4
4	62.0	16.2	27.2	1.4

一个装置一旦建成，塔径确定、填料类型和填料高度等基本的工艺条件确定后，为了调整脱碳装置的操作指标，调整装置运行过程中的气液比是一个有效的调节手段，即调整溶液的循环量。

（6）选取新型脱碳塔填料。

对于吸收塔，气液两相在填料层进行传热与传质，对工艺指标的达标起到了极其关键的作用。NHD 在吸收 CO_2 的过程中传热传质速率较慢，因此要求填料要具备较大的比表面积来在较短的时间内完成传质过程。在实际工程中，选取传质效率高、开孔率高、比表面积大的填料既增加了塔器运行的抗堵性能，又提高了传质效率，对 CO_2 吸收率的提高具有重要意义。

2）NHD 溶剂在离子液吸收二氧化碳方向的应用

随着 CO_2 回收技术研究的不断深入，很多新的 CO_2 回收技术被研发出来，大量研究成果表明离子液体对 CO_2 分子具有较强的捕获能力，尤其是功能型离子液体具有碱性基团，可以通过化学反应吸收大量的 CO_2。

但是离子液体与水复配时，在吸收 CO_2 过程中反应放热升温，解吸过程中又需要较高的温度，而且解吸过程中溶剂水蒸气的分压较高，在吸收、解吸过程中水蒸发损耗严重，复配溶液浓度不断增大，影响复配溶液对 CO_2 的吸收和解吸。同时，溶液浓度的不断升高会增大溶液的 pH 值，碱性也随之增大，对系统的腐蚀性也会进一步增强。如果考虑将离子液体与一种低挥发性、低比热容、流动性好且无腐蚀性的有机溶剂复配，发挥两种液体溶剂的优势，对 CO_2 的回收将会是非常有意义的。

研究发现，当复配溶液温度升高，离子液体黏度减小，气液传质阻力随之减小，离子液体吸收能力增强，但是 NHD 溶剂吸收 CO_2 的能力减弱，因此复配的溶剂存在最佳的吸收温度。

在 NHD 溶剂中加入离子液体能够显著提高 CO_2 的吸收速率和吸收容量。复配的 NHD 溶液在压力升高时，对 CO_2 的吸收速率和吸收容量提高。随着 NHD 溶液中离子液体的浓度不断升高，pH 值也随之增加，CO_2 的吸收能力变强，解吸能耗升高。NHD 溶液与离子液体复配能够有效地发挥两种吸收剂的优势，但是复配后的溶剂成本高，对设备具有一定的腐蚀性，限制了其进一步的工程应用，但是随着高性能的功能性离子液体的不断研发，NHD 与离子液体复配溶剂在 CO_2 回收领域有着巨大的潜力。

四、关键工艺设备

目前，国内已经有多套 NHD 脱碳装置投入运行，装置设备属于中低压容器，装置主要介质为氢气、二氧化碳和有机物，无特殊腐蚀介质，因此设备材质主要选用 Q245R、Q345R。但由于部分介质有清洁度要求，因此部分设备材质选用 S30408 或复合钢板（S30408+Q345R）等不锈钢。设备设计和制造均有成熟技术，全部可以在国内制造，无引进设备。

根据中国石油的相关规定，并考虑运输条件的限制，确定装置中脱碳塔和闪蒸塔（复合）为超限设备（表 4-21）。超限塔器在临界运输尺寸时，应尽量整体运输，如不能整体运输，应严格按照 SH/T 3524—2009《石油化工静设备现场组焊技术规程》的规定，以尽量减少现场组焊工作量为原则进行分片、分段处理。

表 4-21　大型超限设备

序号	名称	超限内容	解决方案
1	脱碳塔	长度超限	分段运输，现场组焊
2	闪蒸塔（复合）	长度超限	分段运输，现场组焊

动设备主要包括新增压缩机组、真空泵组和离心泵，国内已经有同类装置，压缩机和泵的设计、制造均有成熟技术，可以在国内制造，具体情况见表 4-22。

表 4-22　动设备概况

序号	设备名称	规格	数量 / 台
1	CO_2 压缩机	往复式压缩机组	2
2	高闪气压缩机	往复式压缩机组	1
3	氨压缩机	螺杆制冷机组	2
4	真空泵	液环真空泵组	2
5	溶剂循环泵	卧式离心泵，集装式机械密封	2
6	溶剂泵	卧式离心泵，集装式机械密封	1
7	溶剂加入泵	卧式离心泵，集装式机械密封	1

其中，关键的动设备为 CO_2 压缩机和高闪气压缩机。CO_2 压缩机选用对称平衡型、四列三级压缩、双作用结构；压缩机采用同步电动机驱动，机组设润滑油站，气缸填料采用软化水冷却，设软化水站。高闪气压缩机选用对称平衡型、两列一级压缩、双作用结构；压缩机采用电动机驱动，机组设润滑油站，气缸填料采用软化水冷却，设软化水站。

主要工艺设备的操作条件见表 4-23。

表 4-23　NHD 法脱碳装置关键工艺设备主要操作条件

主要设备	温度 /℃	压力 /MPa
脱碳塔	15	2.6
高压闪蒸罐	15	1.3
低压闪蒸罐	15	0.05
CO_2 压缩机（出口）	40	3.0
干燥器	40	3.0

五、主要污染物及处理

原料气根据来源不同，可以分为含有机物和不含有机物的，不含有机物原料气在满足相关标准规范的前提下直接高空放空。含有机物的废气根据热值的不同排放至火炬系统或采用催化氧化回收热量用于吸附剂解吸，降低装置的能耗。

装置正常运行时含有少量的废水，废水中含有少量的有机物和 CO_2 等，排至污水处理场处理达标后外排。

装置在运行末期产生废渣为废干燥剂、废吸附剂和瓷球，废渣性质见表 4-24。

表 4-24　废渣排放表

序号	排放源	排放规律	组成	处理方法	排放去向	备注
1	干燥剂	1 次 /8 年	分子筛	脱油后填埋	一般固体废物填埋场	一般固体废物
2	吸附剂	1 次 /8 年	分子筛	脱油后填埋	一般固体废物填埋场	一般固体废物
3	瓷球	1 次 /8 年	Al_2O_3	脱油后填埋	一般固体废物填埋场	一般固体废物

六、节能技术和节能设备

（1）增设能量回收汽轮机工艺。

吸收 CO_2 后的 NHD 富液从 2.4MPa 降压至 0.6MPa，进入高压闪蒸槽，降压过程中的压力没有得到合理利用，在减压中需经调节阀阻力达到减压的目的，调节阀流通截面积小，易造成调节阀芯冲刷腐蚀、振动和压力较难控制等问题。将涡轮机通过离合器安装在机泵驱动电动机轴的另一侧，液体高速进入涡轮机旋转，当转速与电动机转速相同时，离合器自动合上与电动机运转，这样减小了电动机功率，达到了节能降耗的目的。

（2）NHD 鼓风机改为引风机。

NHD 脱碳是一个低温操作工艺，任何外界输入原料气、空气等物质直接影响制冷系统的耗能，原工艺中气体风机采用鼓风工艺，由于受空气环境温度、压缩空气的压缩热影响，虽经换热，温度仍然较高，带入系统的水含量较高，降低了溶液的吸收能力，使净化气中的 CO_2 指标难以控制。同时，正压解吸也使汽提塔中 CO_2 分压提高，不利于解吸，造成 NHD 溶液中残炭量提高。根据上述分析，提出将鼓风机改为引风机，降低 CO_2 分压，减少进入系统的水含量，变汽提塔为负压再生，同时减少了引风机的风量约 1/3，保证各项工艺指标的实现，从而达到节能的效果。

（3）更换原料换热器的形式。

一直沿用板式换热器为原料气与 CO_2 换热，由于高压的原料气与低压的 CO_2 气体换热，两者压差较大，而板式换热器板厚较薄，承压能力较差，国内许多企业发生爆炸，引发安全事故和生产停车。同时，板式换热器效率较高，但气体流通截面积较小，系统阻力较大。系统阻力和板式换热器爆炸是影响生产的原因，阻力大应增加流体截面积，防爆应提高设备的承压能力，板式换热器已不适合这种工况。为此，选择波纹管换热器，同时增大换热管间距和折流板间距，通过提高流通截面积来提高换热效果，降低装置能耗。

七、技术应用情况及效果

NHD 法从 20 世纪 90 年代初被开发出来用于脱碳脱硫后，在油气开采、化工、化肥和炼油行业中得到了广泛应用。主要原因：（1）NHD 法是物理法回收 CO_2，服从亨利定律和拉乌尔定律，其运行能耗比化学吸收法低，装置效益明显；（2）NHD 溶剂的优点也很明显，具有蒸气压低、运行损失小、吸附过程中不发泡、对设备无腐蚀性、本身无毒等特点。脱碳系统通过采取一系列措施，NHD 物理吸收法能够很好地适应装置的运行工况，同时因其一次投资低、运行能耗低、装置运行平稳等特点，使得该工艺技术市场占有率很高。

经过 NHD 吸收解吸后的 CO_2 纯度可以达到 96% 以上，初步捕集的 CO_2 根据产品的不同需求可以与其他技术耦合，进一步降低 CO_2 中的杂质，用以生产工业级或食品级等不同规格的 CO_2 产品。

CO_2 回收利用装置的主要特点是装置的公用工程耗量较高，使得 CO_2 产品的成本增高，因此根据原料和产品的性质要求结合丰富的设计经验来选择合理的工艺路线是决定 CO_2 回收成本的关键，NHD 溶剂法回收 CO_2 能够克服回收能耗高的问题，具有良好的市场前景。

参考文献

[1] 孟晓锋，陆诗建，王洪滨，等 . AEEA 吸收烟气 CO_2 反应热研究 [J]. 山东化工，2019，48(9)：255-258，260.

[2] 郭超 . 有机胺溶液捕集二氧化碳的研究 [D]. 大连：大连理工大学，2014.

[3] 柴欢欢 . 羟乙基乙二胺溶液捕集 CO_2 过程中的降解及再生 [D]. 大连：大连理工大学，2017.

[4] 盖群英，张永春，周锦霞，等 . 有机醇胺溶液吸收二氧化碳的研究 [J]. 现代化工，2007(S2)：395-397.

[5] Hu L. Phase transitional absorption method：US20070237695A1[P].2009-06-02.

[6] RAYNAL L，ALIX P，BOUILLON P A，et al. The DMX™ process: An original solution for lowering the cost of post-combustion carbon capture[J]. Energy Procedia，2011，4：779–786.

[7] ARSHAD M W，FOSBOL P L，von SOLMS N，et al. Heat of absorption of CO_2 in phase change solvents: 2-(diethylamino)ethanol and 3-(methylamino)propylamine[J]. Journal of Chemical and Engineering Data: the ACS Journal for Data，2013，58(7)：1974–1988.

[8] PINTO D D D, KNUUTILA H, FYTIANOS G, et al. CO_2 post combustion capture with a phase change solvent. Pilot plant campaign[J]. International Journal of Greenhouse Gas Control, 2014, 31: 153–164.

[9] 涂巍巍，方佳伟，李竹石，等 . 基于 MEA 的 CO_2 相变化吸收剂的开发 [J]. 中国科学：化学，2018，48（6）：641-647.

[10] 金显杭 . 面向 CO_2 捕集的相变吸收剂开发及应用研究 [D]. 北京：北京化工大学，2017.

[11] 苏奇超 . 相变化吸收剂捕集 CO_2 解析能耗研究 [D]. 北京：北京化工大学，2020.

[12] 张卫凤，周武，王秋华 . 相变吸收捕集烟气中 CO_2 技术的发展现状 [J]. 化工进展，2022，41（4）：2090-2101.

[13] 洪宗平，叶楚梅，吴洪，等 . 天然气脱碳技术研究进展 [J]. 化工学报，2021，72（12）：6030-6048.

[14] 张宏伟 . MDEA 溶液脱碳工艺在合成氨中的应用 [J]. 小氮肥设计技术，2005（2）：31-32.

[15] 刘二文 . 小合成氨厂改产尿素后脱碳方法的选择 [J]. 贵州化工，1997（3）：13-15，43.

[16] 张学模 . 多胺法（改良 MDEA）脱碳工艺 [J]. 化学工业，2008（10）：17-23.

[17] 吴桂波，操强 . 基于离子交换的胺液净化技术在天然气脱碳系统的应用 [J]. 天然气化工（C1 化学与化工），2021，46（3）：124-127.

[18] 刘新宇，李凌波，李宝忠，等 . 变质胺液净化复活技术进展 [J]. 化工进展，2020，39（10）：4200-4209.

[19] 王开岳 . 天然气脱硫脱碳工艺发展进程的回顾——甲基二乙醇胺现居一支独秀地位 [J]. 天然气与石油，2011，29（1）：15-21，6.

[20] 贾孝宇 . MDEA 脱碳技术应用浅析 [J]. 化工管理，2014（3）：64-65.

[21] 魏华 . aMDEA 在大型合成氨装置的应用 [J]. 化工管理，2015（11）：31.

[22] 刘雪东，马英杰 . 影响脱碳系统 MDEA 消耗及水平衡问题原因分析 [J]. 石油化工应用，2013，32（4）：116-118.

[23] 杨丽淑 . MDEA 脱碳技术在我公司的应用 [J]. 中氮肥，2007（2）：29-30.

[24] 周声结，贺莹 . 国内大规模 MDEA 脱碳技术在中海油成功应用——以中海油东方天然气处理厂为例 [J]. 天然气工业，2012，32（8）：35-38，128-129.

[25] 龙晓达，钟国利，马卫，等 .Benfield 工艺技术进展 [J]. 化肥工业，2005（5）：8-12，15.

[26] 王祥云 . 活化热钾碱脱碳工艺的新进展 [C]// 第十五届全国气体净化技术交流会暨 2014 年煤化工脱硫、脱碳技术研讨会论文集，2014：60-68.

[27] 黄家鹄，王斌，雍思吴，等 . 热钾碱法与变压吸附法脱碳工艺比较 [J]. 氮肥技术，2015（5）：10-12，20.

[28] 梁军 . 三种脱碳工艺的比较 [J]. 山西化工，2007（3）：61-63.

[29] 王祥云 . 合成氨气体净化技术进展（下）——脱碳技术的进展 [J]. 化肥工业，2005，32（2）：19-28，37.

第五章　吸附法碳捕集技术

当气体或液体与多孔固体接触时，在加压、低温等条件下，气体或液体分子积聚在多孔固体表面上，从而达到物质分离目的的现象，称为吸附现象。

吸附现象的应用历史悠久，两千多年前我国劳动人民就已采用木炭吸湿和除臭。20 世纪初，活性炭用于糖脱色，标志着吸附技术工业化应用的开始。40—50 年代硅胶、合成沸石的开发，60—70 年代变压吸附工艺和分子筛的发明，以及不断发展的吸附理论对吸附热力学和吸附动力学有了更多的解释，都对吸附技术的应用和发展起到了积极的推动作用。

根据操作条件的不同，吸附法碳捕集技术分为变温吸附和变压吸附。本书重点介绍石油行业的碳捕集技术，根据已收集的资料，在石油行业中，吸附法碳捕集技术绝大部分采用变压吸附，变温吸附应用较少，所以本章仅对变压吸附进行讨论。

第一节　国内外技术现状

20 世纪 50 年代以前，吸附技术只是一种实现干燥、净化、脱色和防毒等目的的辅助性技术，50 年代以后，循环吸附工艺的成功应用，吸附技术得到突飞猛进的发展，尤其为精馏、吸收等传统分离技术难以解决的问题提供了新的解决思路。新的吸附工艺理论和各种新型高效吸附剂的研制成功，以及人们对提高产品纯度、保护环境和节约能源的要求日趋迫切，进一步推动了吸附技术的发展。

变压吸附用于天然气脱碳工业初期，由于高性能吸附材料开发不足，且处理高 CO_2 含量天然气时需使用大量吸附剂，所以变压吸附技术被认为仅适合处理小规模、CO_2 含量为 3%~10%（摩尔分数）的天然气。但随着各种高性能新型吸附剂的成功开发，变压吸附开始用于处理更高 CO_2 含量的天然气。例如，王春燕等[4]以某气田的基本参数为基准（装置处理规模 $100\times10^4m^3/d$，稳定运行330天，原料气中 CO_2 摩尔分数为30%），对变压吸附法和传统胺吸收法两种工艺进行经济技术对比分析，得出变压吸附法较胺吸收法节约投资成本约1.15亿元、节约占地面积 $4680m^2$、单位能耗和单方处理成本分别仅为后者的1/8和1/3等结论。随着原料气中 CO_2 含量升高，变压吸附的优势更加明显。吉林油田黑79区块天然气田（CO_2 摩尔分数为26%）采用12塔操作、3塔进料、12次均压降、12次均压升、抽真空解吸的变压吸附工艺（简称12-3-12/V工艺），装置处理规模 $8.16\times10^4m^3/d$（标准工况），操作温度约为40℃，整个工艺自动化程度高、系统运行稳定、连续性好，净化天然气中 CO_2 摩尔分数不大于3%，分离回收的 CO_2 纯度不低于95%[5]。

此外，变压吸附脱碳技术在国外已有用于海上平台小规模净化天然气的案例，如美国加利福尼亚州Tidelands石油公司开发的Molecular Gate™变压吸附系统（处理规模 $2.68\times10^4m^3/d$）和Xebec公司开发的RCPSA™变压吸附系统（处理规模 $7\times10^4m^3/d$）等[6]。RCPSA™变压吸附系统将结构吸附床和旋转阀技术相结合，进一步拓展了变压吸附的工业应用。其中，结构吸附床的应用避免了传统吸附床的流化现象，使变压吸附系统能以更快的速度周期性运行（50周期/min），同时大幅减少了吸附剂的使用。简便快捷的旋转阀简化了传统变压吸附系统中的管路布局，大大缩小了设备尺寸（约为相同生产率的变压吸附设备尺寸的1/20）[7]。

变压吸附在碳捕捉领域是比较成熟的工艺，今后发展的重点是研发对 CO_2 选择性能更好、吸附量更大、回收率更高且廉价易得的新型吸附剂。目前，国内外许多知名公司采用变压吸附技术对天然气、制氢装置中变气等进行脱碳，如我国的西南化工研究设计院有限公司、美国的Honeywell公司、澳大利亚的DIMER科技公司和加拿大的XEBEC公司等。各公司在同等介质工况下采用的吸附剂类型基本相同，但装填量因吸附剂性能不同略有差异。

第二节　变压吸附碳捕集技术

一、技术适用范围

变压吸附是以多孔性固体物质（吸附剂）内部表面对气体分子的物理吸附为基础，在高低压力之间工作的可逆的物理吸附过程。吸附剂对混合气体中杂质组分在高压下具有较大的吸附能力，在低压下又具有较小的吸附能力，而对理想的组分则无论是高压还是低压都具有较小的吸附能力。高压下，增加杂质分压以便将其尽量多地吸附于吸附剂上，从而达到高的产品纯度。吸附剂的解吸或再生在低压下进行，尽量减少吸附剂上杂质的残余量，以便于在下个循环再次吸附杂质。

变压吸附工艺既适宜于处理小气量，更适宜于大处理量的气体分离过程，目前，最大的变压吸附空气干燥装置的处理能力已达到 $35.7\times10^4m^3/h$。变压吸附已成为工业气体和环境保护领域一个重要的分离技术。随着工艺技术的不断完善，变压吸附在医药、食品、冶金、化工等领域相继得到了广泛的应用。近年来，随着 CCUS 技术的兴起，变压吸附作为高效的气体分离技术，根据 CO_2 分子性质及工业尾气排放特征得到了进一步的改进与完善，已成功引入工业脱碳过程。

可供工业捕集的 CO_2 气源有两大类，即天然 CO_2 气源和工业副产气源。天然 CO_2 气源有富 CO_2 天然气或油田伴生气，其 CO_2 含量波动范围很大，如果 CO_2 的含量过大，则会严重影响和危害天然气的输送和深加工，具体如下：

（1）CO_2 为非可燃性气体，若天然气中的 CO_2 含量过高，会降低单位体积天然气的热值。相同热量，需要增大天然气的输送量，从而造成输送管道尺寸的增大和设备费用的增加。按照 GB 17820—2018《天然气》的要求，一类和二类的天然气中 CO_2 的摩尔分数应分别不大于 3% 和 4%。

（2）CO_2 在高压低温的状态下容易形成干冰，留下安全隐患。天然气在输送过程中，一旦经过寒冷地区，干冰的产生可以堵塞输送管道。同理，在深冷加工天然气的过程中，析出的干冰同样会堵塞深冷装备。

（3）CO_2 是酸性气体，对输送管道及加工设备的腐蚀同样不容忽视。当有水蒸气存在时，CO_2 对加工设备和输送管道的腐蚀尤为严重。综上所述，脱除天然气中的 CO_2 是天然气净化处理的一个重要部分，典型的天然气变压吸附法脱碳原理流程如图 5-1 所示。

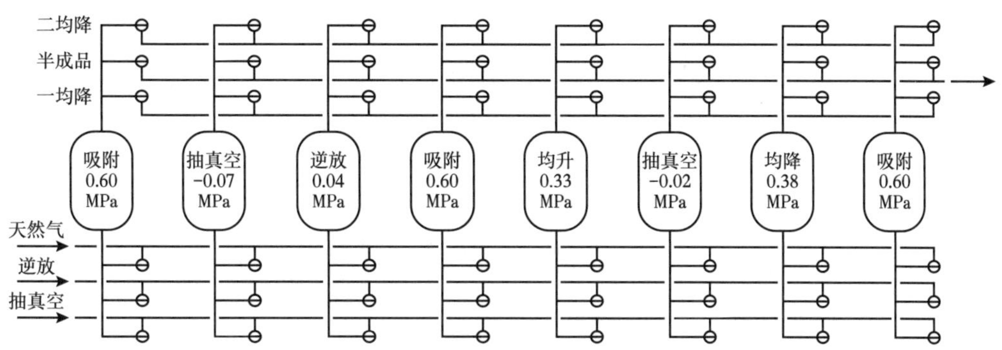

图 5-1　天然气变压吸附法脱碳原理流程图

工业副产气源是 CO_2 捕集的重要来源，特别是燃烧废气，诸如加热炉废气、烟道废气和窑气等。其组成除了含有大量的 CO_2、N_2 和 O_2 以外，还含有微量的粉尘和各类酸性组分，诸如 NO_x、H_2S 和 COS 等。酸性组分在饱和水的存在下，往往会腐蚀设备。因此，这些气源在进入吸附塔甚至进入压缩机之前，必须进行除尘、脱酸性气体等预处理。有些气源中还存在微量乙烷，由于其沸点与 CO_2 相近，吸附和蒸馏都难以分离，因此必须在进入吸附塔之前用催化法脱除。

变压吸附工艺最适宜从含 20%~50%（体积分数）CO_2 的原料气中提取产品。对于以硅胶为吸附剂的 PSA-CO_2 工艺，工业排放废气的 CO_2 含量低于 20%（体积分数）时，虽可分离，但需要消耗大量无用功去压缩 80% 以上的无用杂质组分，以满足所需的分离压力。从综合成本看，其回收是不经济的[1]。对于以活性炭、分子筛为吸附剂的 PSA-CO_2 工艺，工业排放废气的 CO_2 含量低于 15%（体积分数）时，从降低电耗和优化吸附剂的角度出发，可以采用两段式变压吸附串联工艺，第一段工艺无置换步骤，第二段工艺设置置换步骤。置换出来的气体回到第一段进行再吸附，以提高 CO_2 的回收率，降低生产成本，其工艺流程如图 5-2 所示。对于这种低浓度的 CO_2 气源，采用吸收法实现 CO_2 回收或许更加合适[2-3]。

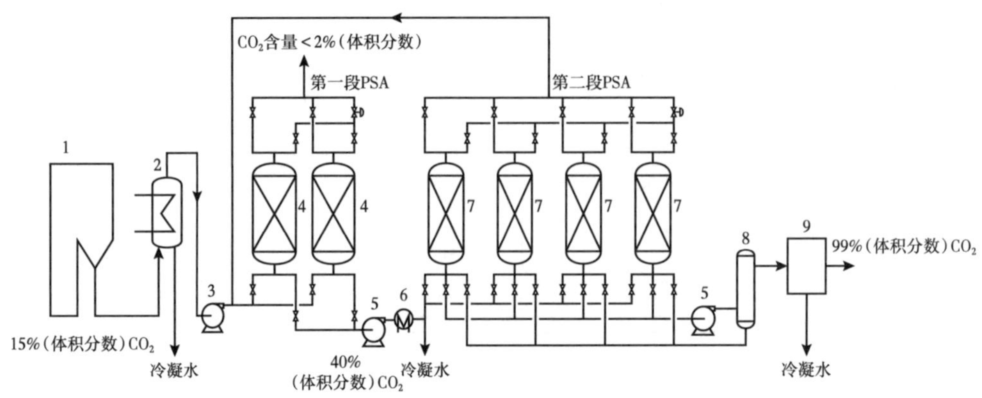

图 5-2　两段式 PSA-CO_2 串联工艺流程

1—燃烧炉；2—冷却器；3—鼓风机；4—第一段吸附器；5—真空泵；6—冷却器；
7—第二段吸附器；8—缓冲罐；9—脱湿装置

二、变压吸附工艺技术及特点

1. 工艺技术

1）基本原理

（1）吸附现象。

当气体或液体与一些特定的多孔颗粒状固体接触时，在加压、常温等条件下，气体和液体的分子会吸着在固体颗粒表面上，这种现象称为吸附。在低压、高温等条件下，已被吸附的气体或液体分子会离开固体颗粒表面，这种现象称为脱附。可以被吸附的气体或液体称为吸附质，可以吸附气体或液体的多孔颗粒状固体称为吸附剂。

（2）吸附类别。

根据吸附质与吸附剂两者间作用力的不同，吸附可分为化学吸附与物理吸附。

①化学吸附。

在吸附过程中，吸附质分子与吸附剂表面分子之间的化学键起作用，并发生化学反应，生成表面络合物，这种涉及化学反应过程的吸附称为化学吸附。化学吸附往往是不可逆的，化学吸附的吸附热接近于化学反应的反应热，比物理吸附热大得多。吸附质和吸附剂的原子之间发生了电子转移，并形成了离子型、共价型、自由基型、配合型等吸附化学键，组成表面中间物体，因此，可以把化学吸附看成一个表面化学过程。其吸附力为化学键，化学吸附容量的大小，因被吸附分子和吸附剂表面分子间形成吸附的化学键大小的不同而有差异。化学吸附的吸附热接近于化学反应的反应热。化学吸附是单层吸附，需要一定的活化能，提高温度会增加吸附量。在相同的条件下，其吸附（或解吸）速率都比物理吸附的速率慢，因此，化学吸附具有较高的选择性。

②物理吸附。

在吸附过程中，吸附质分子与吸附剂表面分子间的作用力为分子间吸引力，即范德瓦耳斯力。因此，物理吸附又称为范德瓦耳斯吸附，它是一种可逆过程，不涉及化学反应过程。物理吸附的吸附热相对较低，接近于液体的汽化热或气体的冷凝热。吸附质分子和吸附剂表面分子之间的吸引机理，类似于气体液化和蒸气冷凝，并没有发生电子转移、原子重排或化学键的破坏与生成等现象，当温度降低到气体正常冷凝温度时，吸附能力会大大增加。在吸附剂表面形成单层或多层分子吸附时，第一层的吸附热通常比气体的正常冷凝热大得多，当吸附层数增多时，逐渐接近液体的汽化热或气体的冷凝热。物理吸附的吸附热较低，一般为几十千焦每摩尔。物理吸附一般不需要活化能，吸附温度越低吸附量越大，吸附和解吸的速率都很快。

变压吸附属于物理吸附，是一种基于降压加冲洗的再生或降压加抽空的再生循环工艺。1942 年，变压吸附这一概念由 H.Kahle 在德国申请的专利中首次提出，当时他使用的吸附剂种类并不多，仅有活性炭、硅胶和氧化铝瓷球三种。图 5-3 是变压吸附最简单的两床循环工艺原理示意图。

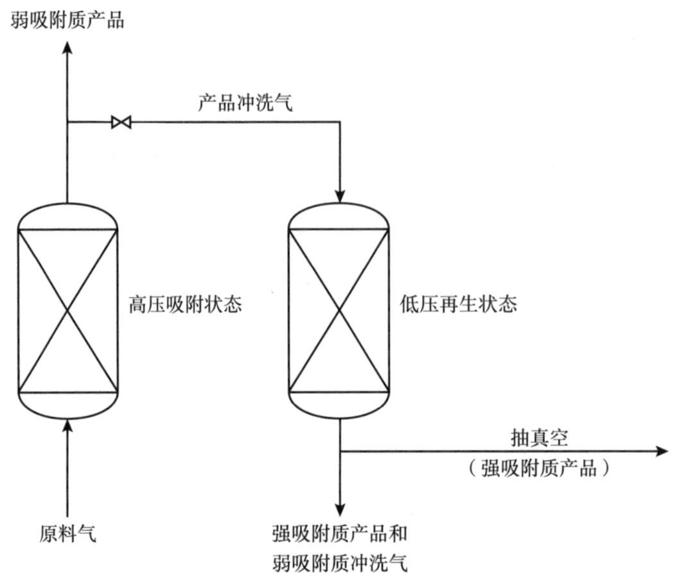

图 5-3　变压吸附两床循环工艺原理

吸附操作是在相对高的压力下进行的，而再生操作是在较低的压力下进行的。脱除了强吸附质的弱吸附质（通常作为产品气）的一部分用于冲洗床层（或对床层抽真空）以脱附被吸附的强吸附质，因此，变压吸附工艺除了降低床层总压力外，还及时移走气相中的强吸附质，以降低其在气相中的分压力来达到再生的目的。由于压力的变化可以很迅速地实现，因此循环时间可以很短，通常为几分钟甚至几秒钟。在这种情况下，绝大部分吸附热尚来不及被气流带走而被储存在床层中，为下一步解吸提供了有利条件。

2）相平衡

从微观上看，吸附后的分子并不是静止不动的，存在一定的运动，如在表面上的振动等，并与固体表面的原子交换能量，当停留时间足够长时，它们之间将达到平衡。

（1）吸附等温线。

气相吸附质在一定温度、分压（或浓度）下与固定相吸附剂长时间接触，吸附质分子在气、固两相中的溶解达到平衡。平衡时吸附剂的吸附量与气相中的

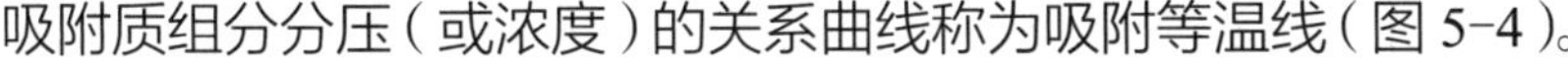

吸附质组分分压（或浓度）的关系曲线称为吸附等温线（图 5-4）。

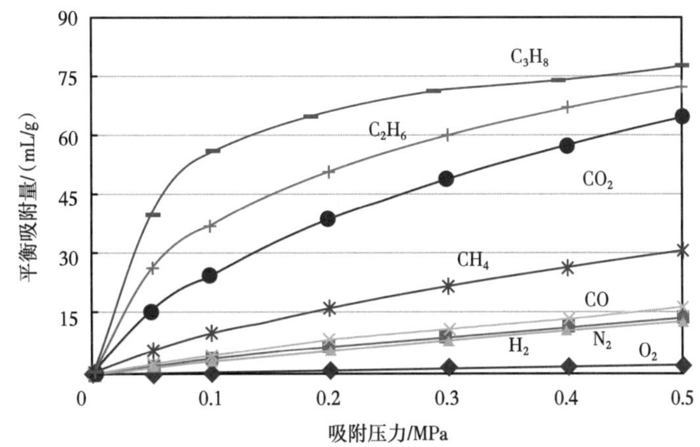

图 5-4 常见气体组分在某吸附剂上的吸附等温线

（2）吸附平衡关系式。

由于吸附机理复杂，不同学者从不同的吸附模型和学说出发，推导出各种吸附平衡关系式。但每一种吸附平衡关系式都存在局限性，只能适用于部分吸附系统。比较著名的有亨利（Henry）方程、朗格缪尔（Langmuir）方程和 BET（Brunaur-Emmett-Teller）方程。

①低浓度吸附（亨利方程）。

当低浓度气体在均一的吸附剂表面发生物理吸附时，相邻的分子之间相互独立，气相吸附质和固相吸附剂之间的平衡浓度呈线性关系，即

$$x=Hc \tag{5-1}$$

或

$$x=H'p \tag{5-2}$$

式中 x——吸附量，即单位质量吸附剂所吸附的吸附质的质量；

c——吸附质浓度，kg/m^3；

p——吸附质分压，Pa；

H——比例常数，m^3/kg；

H'——比例常数，Pa^{-1}。

②单分子层吸附（朗格缪尔方程）。

当气相浓度较高时，相平衡不再服从线性关系，记 θ 为吸附表面遮盖率。吸附速率可以表示为 $k_a p\ (1-\theta)$，解吸速率为 $k_d\theta$，当吸附速率与解吸速率相等时达到吸附平衡，即

$$\frac{\theta}{1-\theta}=\frac{k_a}{k_d}p=k_L p \tag{5-3}$$

式中 θ——吸附表面遮盖率，$\theta=x/x_m$；

x_m——吸附容量，即吸附表面每个空位都单层吸满吸附质分子时的吸附量；

k_a——吸附速率常数；

k_d——解吸速率常数；

k_L——朗格缪尔吸附平衡常数。

经整理后可得：

$$\theta=\frac{x}{x_m}=\frac{k_L p}{1+k_L p} \tag{5-4}$$

此公式即为单分子层吸附朗格缪尔方程，此方程与中、低浓度下的等温吸附平衡相契合。但当气相中吸附质浓度很高、分压接近饱和蒸气压时，蒸汽在毛细血管中冷凝而偏离了单分子层吸附的假设，朗格缪尔方程不再适用。当气相吸附质很低时，式（5-4）可以简化为式（5-2）。朗格缪尔方程中的模型参数 x_m 和 k_L 可通过实验确定。

③多分子层吸附（BET 方程）。

Brunaur、Emmett 和 Teller 提出固体表面吸附了第一层分子后对气相中的吸附质仍有引力，形成了第二、第三乃至多层分子的吸附，由此导出如下关系式：

$$x=x_m\frac{b\dfrac{p}{p^0}}{\left(1-\dfrac{p}{p^0}\right)\left[1+(b-1)\dfrac{p}{p^0}\right]} \tag{5-5}$$

式中 p^0——吸附表面遮盖率；

b——常数；

p/p^0——比压。

式（5-5）即为 BET 方程，BET 方程常用氮、氧、乙烷、苯作为吸附质以测量吸附剂或其他细粉的比表面积，通常适用于比压（p/p^0）为 0.05~0.35 的范围。

3）吸附剂

（1）吸附剂分类。

颗粒形状、化学成分、表面极性等均可作为吸附剂的分类标准，如粒装吸附剂和条状吸附剂、碳质吸附剂和氧化物吸附剂、极性和非极性吸附剂等。

常规来说，吸附剂一般分为天然吸附剂和合成吸附剂两大类。天然吸附剂包括硅藻土、白土、天然沸石等，合成吸附剂包括硅胶、活性氧化铝、活性炭、吸附树脂、分子筛等。

工业上常用的吸附剂包括硅藻土、白土、硅胶、活性氧化铝、活性炭、吸附树脂、分子筛等。另外，还有针对某种组分选择性吸附而研制的特殊吸附材料。

（2）天然吸附剂。

①硅藻土。

硅藻土的主要化学成分是 SiO_2，并含有少量 Fe_2O_3、CaO、MgO、Al_2O_3 及有机杂质。硅藻土通常呈浅黄色或浅灰色，质软，多孔而轻。天然硅藻土的特殊多孔性构造是硅藻土具有特殊理化性质的原因。

②白土。

白土因其具有较大的比表面积和特殊的吸附能力而被广泛使用。一般情况下，白土通常指活性白土和酸性白土。活性白土是以黏土（主要为膨润土）为原料，经无机酸化处理，再经水漂洗、干燥制成的吸附剂，外观为乳白色粉末，无臭、无味、无毒，吸附性能很强，能吸附有色物质、有机物质。在空气中易吸潮，放置过久会降低吸附性能。酸性白土主要是玻璃质火山岩分解后的产物，以蒙脱石、钠长石、石英为主要组分。它吸水后不膨胀，悬浮液呈弱酸性。

③天然沸石。

沸石是一种矿石，最早发现于1756年。天然沸石是一类分布很广的硅酸盐类矿物。沸石有很多种，它们的共同特点就是具有架状结构，中间形成很多空腔。在这些空腔里还存在很多水分子，因此它们是含水矿物。这些水分在高温时会释放出来，如用火焰去烧时，大多数沸石便会膨胀发泡，像是沸腾一般。沸石的名字就是因此而来的。

（3）合成吸附剂。

① 硅胶。

硅胶是一种高活性吸附材料，其化学式为$m\mathrm{SiO_2}\cdot n\mathrm{H_2O}$，不溶于水和任何溶剂，无毒、无味。各种型号的硅胶因其制造方法不同而形成不同的微孔结构，硅胶的化学组分和物理结构，决定了它具有吸附性能高、热稳定性好、机械性能较高等特点。

② 活性炭。

活性炭又称活性炭黑，为黑色粉末状或块状、颗粒状、蜂窝状的无定形炭，也有排列规整的晶体炭。活性炭主要由碳元素组成，主要原料几乎可以是所有富含碳的有机材料，如煤、木材、果壳、椰壳、核桃壳、杏核、枣核等。将这些含碳材料置于活化炉中，在高温和一定压力下通过热解作用被转换成活性炭。在此活化过程中，巨大的表面积和复杂的孔隙结构逐渐形成，而吸附过程正是在这些孔隙中和表面上进行的，活性炭中孔隙的大小对不同分子大小的吸附质有选择吸附的作用。

③ 分子筛。

分子筛是一种具有立方晶格的硅铝酸盐化合物。分子筛具有均匀的微孔结构，它的孔穴直径大小均匀，这些孔穴能把比其直径小的分子吸附到孔腔的内部，并对极性分子和不饱和分子具有优先吸附能力，因而能把极性程度不同、饱和程度不同、分子大小不同、形状不同及沸点不同的分子分离开来，即具有

“筛分”分子的作用，故称分子筛。

4）工艺流程

炼化企业天然气制氢装置中变气 CO_2 回收装置是典型的变压吸附碳捕集装置。来自制氢装置的中变气压力为 2.5MPa，温度为 40℃，自脱碳吸附塔底进入正处于吸附工况的塔中，经多种吸附剂的依次选择吸附，其中的 CO_2 被吸附，未被吸附的脱碳气从塔顶流出，送往制氢装置的变压吸附部分。

当吸附剂饱和后，通过程控阀切换至其他脱碳吸附塔吸附，吸附饱和的塔则转入再生过程。在再生过程中，脱碳吸附塔首先经过多次连续的均压降压过程尽量回收塔内死空间的脱碳气，再通过逆放过程解吸出大量解吸气，解吸气随后进入脱碳解吸气缓冲罐。使用真空泵对饱和的吸附塔抽真空至 −0.08MPa，吸附剂中富含 CO_2 组分的富碳气得以完全解吸，进入脱碳解吸气缓冲罐。

为了满足下游对 CO_2 的利用，富碳气需经富碳气压缩机升压至 2.5MPa，管输至 CO_2 液化提纯单元。中变气变压吸附 CO_2 捕集装置流程如图 5-5 所示。

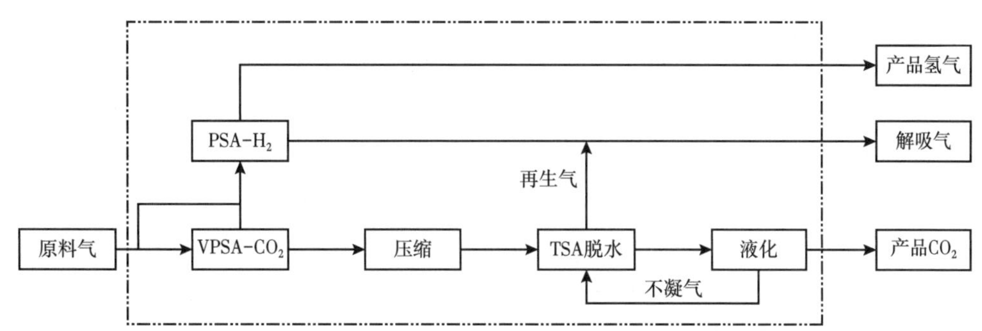

图 5-5　中变气变压吸附 CO_2 捕集装置流程示意图

2. 技术特点

变压吸附的技术特点如下：

（1）变压吸附是一种低能耗的分离技术。其操作压力一般为 0.03~2.5MPa，操作压力范围较大。对于变换气、煤层气、氨厂弛放气等存在压力的气源，无须经过加压步骤就可满足变压吸附所需的压力需求。

（2）产品的纯度高，满足油田驱油对 CO_2 浓度的需求。

（3）自动化程度高，操作方便，除真空泵和压缩机外，整套装置无须其他运转设备。

（4）一般在室温和不高的压力下操作，设备简单。床层再生时不需要外加热源，再生容易，可以连续进行循环操作。

（5）可单级操作，原料气中的几种组分可在单级中脱除，原料中的水分和 CO_2 等不需要预先处理，同时分离其他组分，如氢气、甲烷等。

（6）吸附剂的寿命长，对原料气的质量要求不高，装置操作容易，操作弹性大，如进料气体组成和处理量波动时，很容易适应。

3. 能耗、物耗指标

以 10×10^4t/a 中变气 CO_2 回收装置为例，原料中变气 CO_2 含量约为 17%（摩尔分数），CO_2 回收率不低于 95%，产品 CO_2 纯度不低于 99.9%，使用变压吸附法在 2.5MPa 下回收 CO_2 的能耗、物耗指标见表 5-1。

表 5-1　变压吸附 CO_2 捕集单元能耗

序号	项目	消耗量		能量折算值		设计能耗 / MJ/h	单位设计能耗 / MJ/t 产出 CO_2
		单位	数量	单位	数量		
1	电	kW·h/h	1489	MJ/（kW·h）	9.55	14220.0	1402.4
2	循环水	t/h	180	MJ/t	4.19	754.2	74.4
3	净化风	m^3/h	100	MJ/m^3	1.59	159.0	15.7
合计						15133.2	1492.5

4. 技术创新点

变压吸附技术经过多年开发运行积累，主要形成以下创新点：

（1）随着新型吸附剂的吸附性能和分离效果的不断升级，变压吸附技术的能耗更低、投资更省，应用领域更广阔。

（2）变压吸附在吸附过程中始终存在流动死区和吸附不均匀等问题，针对这个问题，创新性地提出“脉动流 PSA 工艺”[8]。这项工艺将脉动流与变压吸附法相结合，利用脉动流能够改善气流的流动效果，减少流动死区，并在一定程度上突破阻碍气体吸附的气体附面层，有效改善了变压吸附法的吸附效果，为今后吸附工艺的优化和发展提供了新思路。

（3）为了节能、有效地进行吸附剂的解吸，变压吸附工艺根据不同吸附质与吸附剂作用力的不同，不断优化操作压力，多次减压，节能解吸。

三、关键工艺设备

关键工艺设备为脱碳吸附塔和富碳气压缩机。由于变压吸附过程中程控阀频繁切换且作用明显，故本节也对其进行说明。

1. 脱碳吸附塔

脱碳吸附塔在操作过程中承受交变压力载荷，操作压力在 0.03 ~2.5MPa 之间交变，为疲劳容器，需进行应力分析计算和设计。吸附塔所有对接焊缝内外表面应磨平磨光，并进行焊后消除应力热处理，热处理后焊缝和热影响区的硬度值不得超过 HB200。热处理后不得再施焊，如若施焊，则施焊部位必须按原热处理制度重新进行热处理。吸附塔采用披挂式保温结构，平台梯子及垫板不得在设备上焊接。

2. 富碳气压缩机

富集的 CO_2 需压缩机升压后送至液化提纯装置。富碳气压缩机常选用卧式、对称平衡型往复式机组。入口压力为 0.03MPa，入口温度为 40℃，出口压力 2.5MPa。

富碳气压缩机宜选用三级压缩，气缸均为双作用，压缩机中体采用双室中体，电动机与压缩机曲轴采用刚性连接，气缸及填料按无油润滑设计，少油润滑操作。

富碳气压缩机流量调节采用吸气阀卸荷、无级流量调节和旁路调节三种方式，可实现 0~100% 流量调节。

富碳气压缩机气缸及填料设有相互独立的夹套。气缸和填料由水站提供软化水冷却。由于往复式压缩机易损件较多，气阀、活塞环、支撑环、填料环等连续运转周期短，富碳气压缩机均采用一开一备方案。

3. 程控阀

在变压吸附控制系统方面，因控制手段的差异而形成不同的变压吸附分离技术，其中具有代表性的有西南化工研究设计院有限公司的程控阀技术及加拿大 XEBEC 公司的旋转阀技术。

程控阀技术利用多台程控阀组成的程控阀组对各吸附塔进出物料流向进行控制，实现不同变压吸附工艺过程中物料的去向控制。此技术一般由多台规格较大的吸附塔组成，利用程控阀的开启 / 关闭（西南化工设计研究院有限公司）或开度调节（美国 UOP 公司），切换各吸附塔之间的连通关系，达到各吸附塔在不同工艺过程之间切换的目的，实现吸附和再生工艺过程。其优点在于：完全国产化，技术成熟，稳定性好，能耗低等。其缺点在于：占地面积大、吸附时间长，设备大且重，吸附剂用量大，控制系统复杂等。

旋转阀技术通过旋转阀阀芯旋转对吸附塔进出物料流向进行控制，实现不同变压吸附工艺过程中物料的去向控制。此技术一般由多台规模较小的吸附塔组成，利用旋转阀芯内部各通道旋转对接固定阀芯不同的通道，达到各吸附塔在不同工艺过程之间切换的目的，实现吸附和再生工艺过程。其优点在于：技术成熟、控制系统简单、占地面积小、设备小、能耗低等。其缺点在于：核心旋转阀及吸附剂需要进口，检修周期长等。

四、主要污染物及处理

变压吸附是利用吸附剂的平衡吸附量随组分分压变化而不同的特性，从而实现物质分离的物理过程，具有工艺简单、无毒、污染小的特点。

1. 主要污染物排放情况

1）废气

装置正常生产时无气体排放，在事故或特殊情况下有可燃气体排放，一般经过火炬系统燃烧后排放，具体见表 5-2。

表 5-2　废气排放一览表

名称	组成或特性	排放特征
安全阀排放气	CH_4、CO、CO_2、H_2	≤ 40℃，临时、间断排放
生产不正常排放气	CH_4、CO、CO_2、H_2	≤ 40℃，临时、间断排放
初次开车置换气	氮气、空气	≤ 40℃，临时、间断排放

2）固体废物

装置废弃吸附剂为无毒、无害固体，每 15~20 年排一次。

3）废液

装置正常生产时无废液排放。

4）噪声

装置噪声主要是高速气流与管道摩擦发出的噪声，如吸附塔泄压过程中产生的中低频噪声。

2. 主要污染物处理情况

1）废气

废气处理情况见表 5-3。

表 5-3　废气处理一览表

名称	组成或特性	排放地点
安全阀排放气	CH_4、CO、CO_2、H_2	集中排放至放空火炬系统
生产不正常排放气	CH_4、CO、CO_2、H_2	集中排放至放空火炬系统
初次开车置换气	氮气、空气	就地放空

2）固体废物

运行生产过程产生的废吸附剂由专业厂家处理。

3）噪声

通过优化流程，延长了逆放时间，从而减小了逆放速度，使逆放过程这一最大噪声源得以减小。

控制均压、逆放过程的程控阀均采用了伺服调节系统，通过 PID 调节回路精确地控制气体速度，使其尽可能小，从而使噪声得以严格的控制。

有较高流速的管道设置专门的管道消声保温材料，消除气流在阀门处由于冲击、振荡产生的噪声。

五、技术应用情况及效果

变压吸附碳捕集技术因其能耗低，工艺简单，产品气纯度高、无毒、无污染等特点，推广应用优势明显，逐渐成为颇具竞争力的一种 CO_2 回收技术。

国际上，英国 ICI 公司、荷兰 KTI 公司、日本东洋工程公司分别于 20 世纪 80 年代开发出应用于合成氨、尿素生产装置中的变压吸附技术。日本是利用变压吸附技术分离 CO_2 的先驱，主要集中在日本电厂和制造业[9]。国内采用变压吸附技术从富含 CO_2 的气体中分离提纯 CO_2 的工艺是由西南化工研究设计院有限公司于 80 年代中期开发成功的，1986 年开发出用变压吸附从各种富含 CO_2 混合气（如石灰窑气、烟道气、合成氨厂变换气等）中提纯 CO_2 成套技术。1987 年，第一套从石灰窑气中提纯 CO_2 的工业装置在四川眉山县氮肥厂投入运行。1989 年，第一套从合成氨变换气中提纯 CO_2 的装置在广东江门氮肥厂投产。1991 年，变压吸附法脱除变换气中 CO_2 工艺在湖北襄阳县化肥厂成功实现工业化。90 年代中期，在无锡化肥厂和淮阳甲醇厂分别建成配套联醇工艺及单醇工艺的变压吸附脱除变换气中 CO_2 装置[10]。1995 年，浙江宁波化肥厂建成一套从合成氨变换气中分离回收 CO_2 的变压吸附装置，原料气处理量为 1200m^3/h，每天生产纯度不低于 99.98% 的液体 CO_2。1997 年，云南省峨山化肥厂建成一套液体 CO_2 生产装置，生产纯度大于 99.99% 的液体 CO_2 供应玉溪卷烟厂。2005 年，四川开元科技有限责任公司在原有变压吸附脱碳技术的基础上，对传统工艺流程及配置进行了优化改进，在自动控制系统方面取得突破性进展[9]。

近年来，国内西南化工研究设计院有限公司和四川省达科特能源科技股份有限公司等在原有变压吸附碳捕集技术的基础上，对传统工艺流程及配置进行了更加合理的优化和改进，并在多套装置上推广应用。西南化工研究设计院有限公司开发设计的韩国东光化学公司天然气制氢尾气 CO_2 回收项目，CO_2 纯度为 86%~87%，CO_2 收率为 90%，液体 CO_2 产品总电耗为 1.08GJ/t CO_2；华东能源环保科技有限公司 $3\times15\times10^4$t/a 食品级液体 CO_2 装置，液体 CO_2 产品电耗为 0.47~0.65GJ/t CO_2；河南心连心集团有限公司 $20\times10^4m^3$/h 脱碳及回收 CO_2 装置，年产 98%（体积分数）气态 CO_2 产品 70×10^4t，脱碳总电耗约 0.12GJ/t CO_2。四川省达科特能源科技股份有限公司开发的 15×10^4t/a 炼厂制氢尾气中 CO_2 回收利用项目，CO_2 收率 98%，氢气收率 91%，液体 CO_2 成本约 155 元 /t（不含税），静态投资回收期 1.5 年，经济效益良好；其设计的吉林油田长岭气田天然气 / 油田伴生气变压吸附脱碳装置（图 5-6）净化天然气 CO_2 含量不大于 3%（体积分数），富 CO_2 气含量不低于 95%（体积分数），烃收率不低于 96%；其设计的乌鲁木齐国盛汇东脱碳装置净化天然气 CO_2 含量不大于 3%（体积分数），烃收率不低于 96%；其开发的海南福山油田变压吸附脱碳橇装装置净化天然气 CO_2 含量不大于 3%（体积分数），烃收率不低于 90%。

图 5-6　吉林油田长岭气田天然气 / 油田伴生气变压吸附脱碳装置

江苏恒盛化肥在恒盛工业园新建一套年产 18×10^4t 合成氨和 30×10^4t 尿素工程，其中的变换气脱碳采用变压吸附碳捕集技术，使用的是成都天立公司两段法变压吸附全回收专利技术，整个装置由两段吸附组成。此工艺是江苏恒盛化肥有限公司首次采用，第一段提纯段获得 CO_2 含量不低于 98.5%（体积分数）的产品气，在第二段净化段从非吸附相获得的体积分数不大于 0.2% 的产品净化气，从投产开车以来运行稳定，气体的净化度达到工艺要求，运行成本较低，收到较好的经济效益。

2016 年，北京金隅琉水环保科技公司开发建成了水泥窑窑尾烟气 CO_2 变压吸附装置，2017 年运行以来，年捕集 CO_2 约 1200t，年节约纯碱 900t、盐酸 1200t，装置全年可节约化学药剂 200 万元，同时还降低了盐酸使用过程的安全环保风险[11]。

2022 年，昆仑工程辽锦分公司负责设计的锦州石化公司 CO_2 回收利用项目，采用 12 塔变压吸附流程，回收锦州石化公司 $5\times10^4m^3/h$ 制氢装置中变气中的 CO_2。项目实施后，每年可减排 CO_2 6×10^4t。

2022 年，昆仑工程沈阳分公司负责设计的辽河石化公司 CO_2 回收利用项目，使用真空变压吸附（VPSA）碳捕集技术，项目原料为辽河石化公司 2 号制氢装置造气部分的中变气，CO_2 含量约为 17%（摩尔分数），使用 VPSA 碳捕集法回收。经新建 CO_2 回收装置可回收 $CO_2 8.52\times10^4$t/a。该装置主要产品为工业级液态 CO_2，副产品为脱碳气，生产的 CO_2 主要用于油田注井驱油，CO_2 产品的纯度达到 99.9%。

随着人类社会对温室效应认识的不断深入，全球对减少 CO_2 排放量的要求也日益迫切，变压吸附碳捕集技术在工艺节能、投资小、无污染等方面的优势将是未来人们研究 CO_2 分离技术的热点。随着人们对变压吸附循环步骤和过程的改进以及对新型吸附剂材料和吸附模型的研发，变压吸附工艺必将进一步降低成本，同时原料煤和电等能源的供应紧张，变压吸附碳捕集技术的经济效益越来越显著，未来变压吸附碳捕集技术必将成为一种更有发展前途的 CO_2 捕集技术。

参考文献

[1] 黄建彬 . 变压吸附法提取二氧化碳混合气中二氧化碳 [C]// 变压吸附、特种气体技术研讨会论文集论文集 . 成都：化学工业部西南化工研究院，1989：20-27.

[2] 杜元龙，苏俊华 . 二氧化碳综合利用的可行性 [J]. 吉林工学院学报，1998，19（3）：1-11.

[3] 曾宪忠，陈昌和，高保成 . 烟气脱碳技术进展 [J]. 化工环保，2000，20（6）：12-17.

[4] 王春燕，杨莉娜，王念榕，等 . 变压吸附技术在天然气脱除 CO_2 上的应用探讨 [J]. 石油规划设计，2013，24（1）：52-55.

[5] 任德庆，高洪波，纪文明 . 变压吸附脱碳技术在高含二氧化碳天然气开发应用 [J]. 中国石油和化工标准与质量，2012，33（16）：146-147.

[6] RUFFORD T E，SMART S，WATSON G C Y，et al. The removal of CO_2 and N_2 from natural gas：A review of conventional and emerging process technologies[J]. Journal of Petroleum Science and Engineering，2012，94/95：123-154.

[7] TAGLIABUE M，FARRUSSENG D，VALENCIA S，et al. Natural gas treating by selective adsorption：Material science and chemical engineering interplay[J]. Chemical Engineering Journal，2009，155（3）：553-566.

[8] 李浩然 . 脉动流变压吸附分离 CH_4/CO_2 实验与模拟研究 [D]. 大连：大连理工大学，2019.

[9] 徐冬，张军，翟玉春，等 . 变压吸附分离工业废气中二氧化碳的研究进展 [J]. 化工进展，2010，29（1）：150-156，162.

[10] 步学朋 . 二氧化碳捕集技术及应用分析 [J]. 洁净煤技术，2014，20（5）：9-13.

[11] 黄岚 . 水泥窑尾烟气 CO_2 变压吸附捕集技术的应用与实践 [J]. 水泥，2022（1）：1-2.

第六章　其他碳捕集技术

CO_2 原料的来源很广，原料气中 CO_2 的浓度也不尽相同，压缩液化法和低温精馏法是适用于中高浓度 CO_2 的捕集方法。压缩液化法和低温精馏法属于物理分离法，利用不同组分在一定压力下液化温度的不同将 CO_2 分离，在 CO_2 捕集过程中不发生任何化学反应。压缩液化法和低温精馏法均属于比较成熟的工业化技术。

第一节　压缩液化碳捕集技术

一、技术适用范围

压缩液化碳捕集技术是将含有 CO_2 的气体压缩、冷却，在特定的温度、压力下，使 CO_2 液化并分离出来的技术方法。这种技术一般需要在低温下实现液化分离，又称为低温冷凝法或低温相变法。使用压缩液化碳捕集技术的先决条件是要有高浓度 CO_2 气源作为原料气，对产品液体 CO_2 纯度要求不高，例如油田注井驱油。因此，目前压缩液化碳捕集技术主要应用于高浓度 CO_2 碳源的捕集及其他碳捕集技术捕集后的高浓度 CO_2 气体的压缩液化，如吸收法和吸附法解吸出的 CO_2 气体的压缩液化等。

压缩液化法一般只用于高浓度 CO_2 气源且 CO_2 产品纯度不是极高的情况。这是由于当 CO_2 浓度较低时，通常混合气体的露点也较低，随着部分 CO_2 液化析出，混合气中 CO_2 分压逐渐降低，冷凝温度也随之降低，需要向混合气体提供更多冷量，能耗过大；CO_2 的三相点温度为 -56.6℃，低于三相点温度后，极易造成 CO_2 冻堵；有些气体液化温度与 CO_2 相近，很难通过这种方法分离，同时一些杂质组分也会少量地溶解在液体 CO_2 产品中，难以获得纯度较高的产品。

压缩液化碳捕集技术一般情况下能够使产品液体 CO_2 纯度达到 95% 以上，虽然通过增加提纯工段能够满足 GB/T 6052—2011《工业液体二氧化碳》中 CO_2 99.9% 的最高要求，但相应增加的能源消耗较大。当产品纯度要求较高时，不推荐此技术方案。

二、国内外技术现状

从 CO_2 的热力学性质可知，随着液体 CO_2 温度的降低，其饱和蒸气压也逐渐减小。CO_2 的温度越低，液化压力将越小。CO_2 饱和液体和饱和蒸气性质表可参考《低温工程技术·数据卷》[1]。根据 CO_2 相图，在一般液态区，不同的温度、压力下都可实现 CO_2 液化，在三相点附近液化压力较小，但温度较低；在临界点附近液化温度接近常温，但压力较高[2]。这就形成了 CO_2 的两种液化方式，即低温中压液化和常温高压液化。

对于高压液化的液体 CO_2，应采用中高压的储存容器；而低温液化的液体 CO_2，可采用中低压的储存容器，但其对应的设计温度较低，容器也应选用低温材料。

1. 常温高压液化

常温高压液化工艺是利用提高压力的方法，使气态 CO_2 在常温下转变为液态的过程。当温度为 31.4℃、压力为 7.38MPa 时 CO_2 即可液化。根据压缩比的不同，压缩机有三级压缩或四级压缩，在每级压缩后，CO_2 通过冷却器和气水分离器分离出液态水。由于高压液化工艺省去了制冷机组或省去了低温机组，只在级间冷却器中通入冷却水或空调用 7~12℃ 冷水，将其冷却至相应压力的液化温度以下即可实现 CO_2 的液化。高压下分离出的液态 CO_2 会溶解少量杂质成分，而且分离压力越高，溶解杂质的量越大，进而导致液态 CO_2 的纯度降低。同时，液态 CO_2 纯度也与杂质气体的成分有关。

2. 低温中压液化

低温中压液化工艺是国内外普遍采用的 CO_2 液化工艺[3-4]。通常，该工艺首先是将处于常压下的气相 CO_2 加压至 2MPa 左右，此时所对应的 CO_2 液化温

度为 −20℃ 左右，然后采用制冷机组吸收其潜热使其液化。该工艺的优点是：

（1）在较低的温度下，采用较低的液化压力，可以极大降低设备耐压的等级要求，节省设备投资。

（2）在一定环境条件下，可以大幅提高生产能力，并方便了 CO_2 的运输和使用。

低温中压液化 CO_2 工艺流程一般为气体 CO_2 经过初级净化系统，除去气体中的部分杂质和部分水分后，进入压缩机压缩，每级压缩通过冷却和气水分离后，再进入二级净化系统，除去气体中微量的醇、醛、酸、酯等杂质和水分，使气体纯度达到产品指标要求，同时气体露点低于液化温度要求。进入冷凝液化器，在冷凝液化器中由制冷机输入的冷量使 CO_2 气体液化进入储罐，储罐内液体 CO_2 通过充装泵进入槽车运输到用户，也可通过增压泵升压充灌入高压钢瓶获得高压液体 CO_2 产品。

3. 制冷剂

对于压缩液化碳捕集技术，液化压力的选择是关键因素，制冷剂的选择也直接影响液化总功耗。液化压力的选择，直接决定了 CO_2 气体压缩机的排气压力，是压缩机选型的依据，也间接决定了制冷机的蒸发温度，从而选择最适合的制冷剂。

迄今为止，制冷剂已发展四代产品。第一代制冷剂对臭氧层的破坏较大，已遭淘汰，主要为氯氟烃类制冷剂；第二代制冷剂对臭氧层破坏较小，发达国家于 2030 年前淘汰，发展中国家于 2040 年前禁用，主要为氢氯氟烃类制冷剂；第三代制冷剂对臭氧层无破坏，但是对气候的温室效应影响较大，现阶段应用较广，主要为氢氟烃类制冷剂；第四代制冷剂主要指碳氢氟类制冷剂，此类制冷剂具备卓越的性能和环保性，但制作成本较高，目前尚未规模化使用。

CO_2 液化项目中，适宜选用的制冷剂为 R717（氨）、R290（丙烷）、R22 和 R507。应优先选用氨或 R507。氨为自然工质制冷剂，合成工艺成熟，价格低廉，不破坏臭氧层且无温室效应，汽化热大，制冷系数和放热系数高，但是氨制冷剂易燃、有毒、有腐蚀性，氨更适合应用在需要防爆的场合。R507 不破坏臭氧层且具有优异的传热性能，但其价格相对较高且具有低毒性，更适合应用在非防爆的场合[5]。

三、压缩液化工艺技术及特点

1. 工艺技术

CO_2 液化温度随着液化压力的提高相应提高，液化总功耗降低。因此在实际工程项目中，应尽可能采用高的液化压力。特别是在需要高压力 CO_2 的场合，如 CO_2 驱油项目中，采用较高的液化压力节能效果更为显著。

目前，CO_2 液化压力常受到产品 CO_2 纯度、储存容器和运输车辆承压能力的限制。一般情况下，CO_2 储罐的设计压力在 2.5MPa 以下，这也是目前低温液化方案多采用 2.5MPa 左右液化压力且液化温度较低的原因所在。

1）低温中压液化工艺

低温中压液化工艺是国内外应用较为普遍的 CO_2 液化工艺。低温中压液化工艺适用于原料气中 CO_2 摩尔分数大于 80%、产品液体 CO_2 纯度要求不是太高、CO_2 输送方案采用低温槽车运输的情况，或者是液体 CO_2 需求压力在 2MPa 左右储存或使用时，中压低温液化工艺就能很好地满足要求。相对其他 CO_2 液化工艺，此工艺最简单、最直接。

根据不同项目原料气中 CO_2 的浓度，以及装置产能和 CO_2 需求参数的要求，CO_2 回收率不宜低于 80% 的要求，在一定压力范围内（2~3MPa）选择最优的液化压力。液化压力低，则 CO_2 气体压缩机功耗小，制冷机功耗大；反之，则 CO_2 气体压缩机功耗大，制冷机功耗小。CO_2 在 2MPa 时的饱和温度为 -18℃，制冷机在选择制冷剂时需选用中温制冷剂（-60℃ ＜蒸发温度＜ 0℃），目前广泛应用的制冷剂有 R22、R717（氨）和 R507，但 R22 将于 2030 年禁用。

（1）低温中压液化工艺流程。

低温中压液化工艺流程如图 6-1 所示。

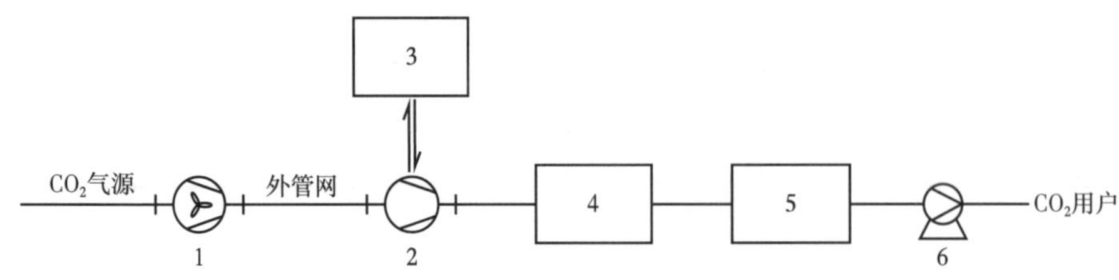

图 6-1 低温中压液化工艺流程

1—CO_2 风机；2—CO_2 压缩机；3—脱除塔和干燥器；4—制冷机组；5—CO_2 储液罐；6—CO_2 充装泵

（2）低温中压液化工艺技术。

低温中压液化工艺由输送单元、压缩单元、干燥单元、制冷单元、液体 CO_2 储存及装车单元组成。

① 输送单元。

CO_2 捕集装置一般情况下都是在已有化工园区内建设，新建 CO_2 捕集装置不会紧邻高浓度 CO_2 排出装置，还要经过一段距离的外管廊才能到达新建装置处，如果高浓度 CO_2 气源压力极低（接近大气压，如低温甲醇洗装置），就需要在 CO_2 排出装置设置鼓风机或在新建 CO_2 捕集装置处设置引风机，将高浓度 CO_2 气源升压输送至新建装置处，通常风机后压力能够达到 0.1MPa 左右。可选用高速离心风机，提高输送效率。如果原料气为饱和气体，需在风机前增加气液分离装置，防止液击。

② 压缩单元。

高浓度 CO_2 气源进入压缩机前要再经气液分离装置将水分离。目前，CO_2 液化压力通常受到储存容器和运输车辆承压能力的限制。一般情况下，低温液化方案多采用 2.5MPa 左右液化压力。高浓度 CO_2 气体经过压缩机压缩至 2.5MPa，经过吸附干燥后送入制冷单元。根据项目大小和情况的不同，压缩机选择的形式不同，在选择往复式压缩机或离心式压缩机时，可以选择在压缩机第二级或第三级排气后先进入净化和干燥单元，干燥后再进入后一级压缩，这样可以减少净化和干燥单元的系统投资，可以选用微热干燥机或压缩热干燥机充分利用压缩机的压缩热，同时经过干燥的气体进入下一级压缩，由于少了水分，对减少压缩机轴功有利。

③ 干燥单元。

干燥后的气体露点要比制冷剂节流后的温度低 5℃ 以上，防止制冷蒸发器内发生冻堵，压缩机出口压力 2.5MPa 减去系统压力损失，在进入制冷单元前的压力约为 2.4MPa，2.4MPa 压力下 CO_2 的冷凝温度为 −12℃，通常制冷剂节流后的温度比 CO_2 冷凝温度低 10℃ 左右，所以干燥后气体的露点低于 −27℃（2.4MPa 下）。由于所需露点较低，一般选用微热吸附式干燥机或压缩热吸附式干燥机。干燥机后一定要配置粉尘过滤器，防止干燥机中的干燥剂进入下游系统。如果产品对某种杂质成分要求较高，低温液化后的 CO_2 中该杂质含量会超标，就要在进入制冷单元前将此杂质脱除，如对 H_2S 等杂质含量有要求，就要在干燥单元前增加脱硫工段将气体中的 H_2S 脱除，满足产品液体 CO_2 的指标要求。

④ 制冷单元。

原料气进入制冷单元后，CO_2 会在制冷蒸发器内变为液态，从制冷蒸发器出来的有 CO_2 液体和少量不凝气，经过气液分离装置，CO_2 液体进入低温储罐储存或送出装置供后续生产装置使用，不凝气直接放空或送到后处理装置进行处理。

中温制冷剂要综合项目情况选择使用 R717（氨）还是 R507，冷凝温度为 −30℃ 时，螺杆式单机头制冷机能够达到的最大冷量在 2600kW 左右，对应高浓度 CO_2 项目规模为（20~25）$\times 10^4$t/a（8000h）。项目规模增加，可以相应增加制冷机台数来满足项目对冷量的需求。

⑤ 液体 CO_2 储存及装车单元。

制冷单元出来的 CO_2 液体压力约为 2.35MPa，进入 CO_2 储罐储存的操作压力设定为 2.1MPa，对应的 CO_2 饱和温度约为 −16℃，CO_2 储存需要一定的过冷度，所以一般把储存温度设定为 −20℃，即制冷机 CO_2 出口温度为 −20℃。CO_2 储罐不宜少于两个，储罐的充装系数宜取 0.9。CO_2 储罐底部可设置自增压用汽化器，汽化器的汽化能力应满足泵的正常运行要求。

CO_2 装车单元的设置应根据当地市场和项目要求配置。装车泵应选用屏蔽泵。

2）常温高压液化工艺

常温高压液化工艺也是国内外应用较为普遍的 CO_2 液化工艺。根据不同项目原料气中 CO_2 的浓度，以及装置产能和 CO_2 需求参数的要求（CO_2 回收率不宜低于 80% 的要求），在一定压力范围内（5.5~7MPa）选择最优的液化压力。

常温高压液化工艺适用于原料气中 CO_2 摩尔分数大于 80%，产品液体 CO_2 纯度要求不是太高，CO_2 输送方案采用中短距离管输或液体 CO_2 降压至 2MPa 左右储存时采用。

此处以 CO_2 在 6MPa 下液化为例，此压力下 CO_2 的饱和温度为 23℃。使用 7~12℃ 的工业冷水机组标准机，足以满足工艺需求。常用制冷剂为 R134a、R407C、R410A、R22 等。这些制冷剂单位容积制冷量较大，制冷系统有较高的能效比。这也是常温高压液化工艺能有效降低能耗的原因。如果工业园区有低品位热源，还可选用溴化锂吸收式制冷机，充分利用废热余热，使系统能耗进一步降低。两种技术方案的能耗高低关键影响因素为原料气中 CO_2 的含量，含量高时常温高压工艺能耗较低，含量低时低温中压工艺能耗较低。如果有低品位热源可利用，优先选用常温高压液化工艺。

（1）常温高压液化工艺流程。

常温高压液化工艺流程如图 6-2 所示。

（2）常温高压液化工艺技术。

常温高压液化工艺由输送单元、压缩单元、干燥单元、制冷单元（常温、低温）、液体 CO_2 储存及装车单元组成。

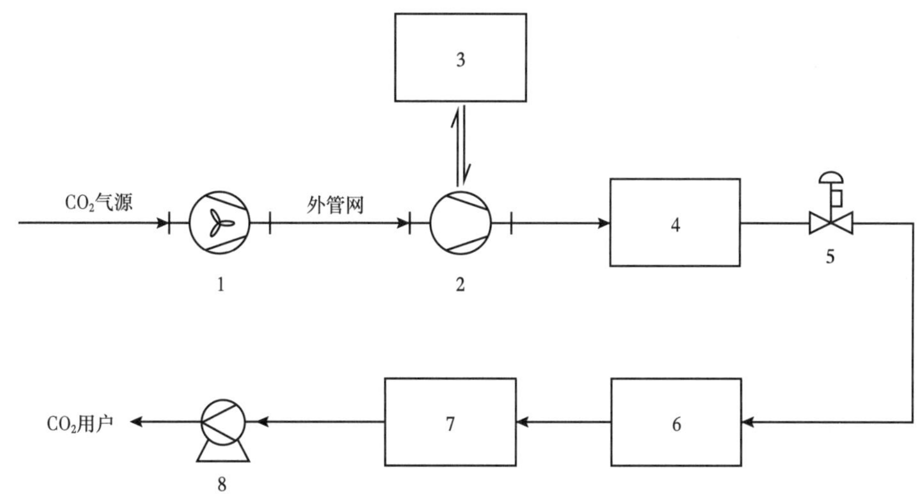

图 6-2　常温高压液化工艺流程

1—CO_2 风机；2—CO_2 压缩机；3—脱除塔和干燥器；4—常温冷水机组；5—节流阀；6—低温制冷机组；7—CO_2 储液罐；8—CO_2 充装泵

①输送单元。输送单元与低温中压液化工艺相同。

②压缩单元。压缩单元与低温中压液化工艺基本相同，将压缩机排气压力提高至 6MPa，进入制冷单元进行液化。

③干燥单元。干燥单元与低温中压液化工艺相同。由于压力增高，水分子的动能增大，更容易析出，因此高压所需露点没有中压所需露点要求高。但两种工艺最终储存单元的储存压力和温度相同，常温高压液化工艺要求露点基本与低温中压液化工艺保持一致。

④制冷单元。常温高压液化工艺的制冷单元分为两部分，第一部分是应用冷却水供回水温度为 7~12℃ 常温标准冷水机组或溴化锂吸收式制冷机，先将 6MPa 的 CO_2 液化，这时分两种情况，如果后续装置需要高压 CO_2，就直接通过管道输送；如果需要储存装车，就将 6MPa 液体 CO_2 减压至 2.1MPa，会有部分液体汽化，这时就要用到第二部分低温制冷机将汽化的部分 CO_2 气体重新液化，然后送入 CO_2 低温储罐储存。这里的制冷机与低温中压液化工艺所用低温制冷机相同，不过冷量要小很多，绝大部分 CO_2 相变所需冷量由常温标准冷水机组

或溴化锂吸收式制冷机提供。

⑤液体 CO_2 储存及装车单元。输送单元与低温中压液化工艺相同。

2. 技术特点

1）低温中压液化工艺特点

低温中压液化工艺系统压力相对较低，同时 CO_2 液化温度低，所需冷量较多。低温制冷机效率低，制冷功耗高。制冷剂可能不利于环保或需要防爆设计，增加了一次性投资。系统压力相对较低，系统组成简单，设备故障率低，运行相对比较稳定。槽车运输较为灵活，不适合长距离管输。项目整体一次性投资小，安全性高，生产能力高。

2）常温高压液化工艺特点

常温高压液化工艺系统压力高，同时 CO_2 液化温度高，所需冷量较少。低温标准冷水机组效率高，制冷功耗低，使用溴化锂吸收式冷水机组时基本无电耗。项目不需防爆设计，但整个系统压力高，项目初投资高。系统组成简单，装置占地面积小，高压设备故障率增加，运行维护成本增加。槽车运输较为灵活，可中短距离管输，不适合长距离管输。项目整体一次性投资相对较大，安全性降低，生产能力高。

3）两种液化技术对比

两种液化技术的优缺点对比见表 6-1。

表 6-1　CO_2 液化技术比较表

液化方式	优点	缺点
常温高压液化	储存温度相对较高，容易储存，相对节能，结构相对简单，运行费用低	对设备的性能要求高，一次性投资高，安全性低
低温中压液化	系统压力低，安全性高，一次性投资小	能耗大，运行成本高，制冷工质对环境有一定影响，氨需要防爆设计

3. 能耗、物耗指标

以 15×10^4t/a CO_2 压缩液化项目为例，原料气中 CO_2 浓度为 96%（体积分数），

公用工程消耗见表 6-2。

表 6-2 公用工程消耗

序号	用能种类		单位	用量		备注
				低温中压	常温高压	
1	生活水		m^3/h	1.0	1.0	
2	除盐水系统		m^3/h	0.01	0.01	
3	循环冷却水		m^3/h	550	580	循环使用
4	仪表气		m^3/h	120	120	
5	氮气		m^3/h	80	80	
6	电	10000V	kW·h/h	2650	2500	装机功率
		380V	kW·h/h	20	40	装机功率

低温中压液化工艺 CO_2 吨产品电耗 141.3kW，常温高压液化工艺 CO_2 吨产品电耗 133.3kW。主要辅料用量见表 6-3。

表 6-3 主要辅料一览表

序号	吸附剂	用量 /t	备注
1	氧化铝	1.4	寿命≥ 4 年
2	分子筛	1.4	寿命≥ 4 年

4. 技术创新点

（1）采用高速离心风机或磁悬浮风机提高原料气输送效率，减少能耗。

（2）压缩机中间级排气先去净化和干燥系统，降低净化和干燥系统的操作压力，节省投资。

（3）净化和干燥系统充分利用压缩机的压缩热，减少系统能耗；干燥后气体进入下一级压缩，减少压缩机轴功。

（4）CO_2 储罐连通设计，两罐互通可倒罐，灵活调节。

（5）制冷系统两段式设计，减少系统能耗和初投资。

（6）常温高压系统增加膨胀机回收冷量。

四、关键工艺设备

两种工艺技术共有关键工艺设备有：压缩机类，主要包括原料气风机、原料气压缩机等；容器类，主要包括气液分离器、脱除塔、换热器、干燥器、CO_2储罐等；泵类，主要包括 CO_2 充车泵等。两种工艺技术设备区别在于：低温中压工艺技术有低温制冷机和氨水提升泵（如有），常温高压工艺技术无须制冷机或常温制冷机。

关键工艺设备及其名称、主要参数见表 6-4。

表 6-4　关键工艺设备对比表

序号	设备名称	主要参数		备注
		低温中压工艺	常温高压工艺	
1	原料气风机	排气压力 100kPa	排气压力 100kPa	
2	原料气压缩机	排气压力 2.5MPa	排气压力 7MPa	
3	脱除塔	操作压力 1MPa	操作压力 1MPa	如有
4	换热器			如有
5	干燥器	操作压力 1MPa 压力露点 −25℃（2.5MPa 下）	操作压力 1MPa 压力露点 16℃ （7MPa 下）	
6	常温制冷机组		制冷剂蒸发温度 6℃	
7	低温制冷机组	制冷剂蒸发温度 −35℃		
8	液体 CO_2 储罐	工作压力 2.1MPa 工作温度 −20℃	工作压力 2.1MPa 工作温度 −20℃	
9	液体 CO_2 充车泵	介质：液态 CO_2	介质：液态 CO_2	
10	氨水提升泵	介质：氨水		如有

风机根据设备布置地点的不同可以选用鼓风机或引风机。从节能角度考虑，风机种类可选择高速离心风机或磁悬浮风机。高速离心风机具有技术成熟、运行可靠、维护工作量小、效率高等优势，同时也存在设备体积大、噪声相对较大等劣势。磁悬浮风机有效率高、振动低、噪声低、体积小、易维护等优势，但同时也存在设备费用高、不适用于低风量和低进气压力的工况、设备损坏无法自行维修等缺点。不同项目根据项目实际情况进行选择。

15×10^4t/a CO_2 捕集项目中原料气压缩机选择范围较广，往复式压缩机、螺杆式压缩机、离心式压缩机都可选择。往复式压缩机压力范围广，具有高速、多缸、能量可调、热效率高、设备费低等优点；缺点是结构复杂，易损件多，检修周期短，有脉冲振动，运行平稳性较差。螺杆式压缩机具有结构简单、易损件少、可靠性高、振动小、噪声低、能有较大的压差或压缩比、有良好的调节性等优点，缺点是设备价格高。离心式压缩机适用于中低压力大流量工况，优点是结构简单，操作可靠，维护少；缺点是稳定工况范围窄，气量调节经济性差，效率相对较低。不同项目根据项目实际情况进行选择。

CO_2 捕集项目要求露点较低，干燥机只能选用微热吸附式干燥机或压缩热吸附式干燥机。当原料气中 CO_2 浓度相对较低，在 CO_2 液化后会产生一定量的不凝气可作为干燥机的反吹气时，可选用微热吸附式干燥机。当原料气中 CO_2 浓度很高，不凝气量不足以完成反吹时，应选用压缩热零气耗吸附式干燥机。优点主要为可充分利用压缩机的压缩热，减少系统能耗；零气耗机型能做到耗气量为零，对提高碳捕集率有帮助。

低温中压液化工艺和常温高压液化工艺涉及三种形式制冷机，即常温标准冷水机组、溴化锂吸收式制冷机和低温制冷机组。常温标准冷水机组和溴化锂吸收式制冷机在常温高压液化工艺中使用，低温制冷机组在两种工艺中都有使用。常温标准冷水机组的制冷系数（单位功耗所能获得的冷量）是低温制冷机组的 3~4 倍，这就是常温高压液化工艺制冷系统省功的原因。如果化工园区有低品位热源可利用，建议使用溴化锂吸收式制冷机，可以充分利用热源来减少系统能耗。

五、主要污染物及处理

原料气中通常含有极少量杂质，符合放空要求的直接高空放空，不符合放空要求的通过管道输送至火炬系统或送至后处理装置。

压缩液化工艺可能出现的废水、废气、固体废物主要有含油污水、氨、脱硫催化剂、干燥吸附剂氧化铝和分子筛。厂区内设置含油污水池，含油污水经输送泵送至污水处理厂进行处理。设置紧急泄氨器、氨排放罐或氨排放池，氨发生泄漏或事故时通过紧急泄氨器将液氨排放至氨排放罐或氨排放池中与水混合。在氨可能泄漏的地方设置检测设备和水喷雾系统，液氨储罐处设置水喷淋降温系统。脱硫系统催化剂、脱硫吸附剂设计寿命为 1 年，催化剂、脱硫吸附剂每年更换。干燥器中填充的吸附剂由氧化铝球和分子筛组成，这些吸附剂的设计使用寿命为 4 年。脱硫剂和干燥剂更换时由厂家回收利用或委托当地有相应资质厂家回收处理。

六、技术应用情况及效果

CO_2 捕集后压缩液化工段的工程应用案例较多，装置运行稳定，应用效果较好。

由新疆敦华绿碳技术股份有限公司建设、中国昆仑工程有限公司总包的克拉玛依石化变压吸附制氢弛放气 CO_2 捕集液化项目和新疆敦华绿色石油科技有限公司库车变压吸附制氢弛放气 CO_2 捕集液化工程总承包项目，均已建成投产并平稳运行。由新疆广汇碳科技综合利用有限公司建设、中国昆仑工程有限公司总包的新疆广汇碳科技综合利用有限公司 10×10^4t/a CO_2 捕集与利用示范项目在施工建设中。

第二节　低温精馏碳捕集技术

一、技术适用范围

低温精馏碳捕集技术主要应用于高浓度 CO_2 气源的分离捕集以及生产食品

级或高纯 CO_2 产品。低温精馏法捕集 CO_2 是先将原料气压缩、冷却，使部分原料气液化并进入精馏塔，在精馏塔内利用 CO_2 与其他组分的沸点不同而实现分离的一种技术方法。

低温精馏法是利用沸点差进行分离，对于共沸或近共沸组分不能很好地分离。例如，CO_2 和 C_2H_6 两组分组成的混合物，在压力为 2.8MPa、温度为 −13.5℃时，出现共沸点，此时气相和液相具有完全相同的组分，不能通过常规的精馏方法进行分离。CO_2—C_2H_6 体系的 T—xy 相图如图 6-3 所示。

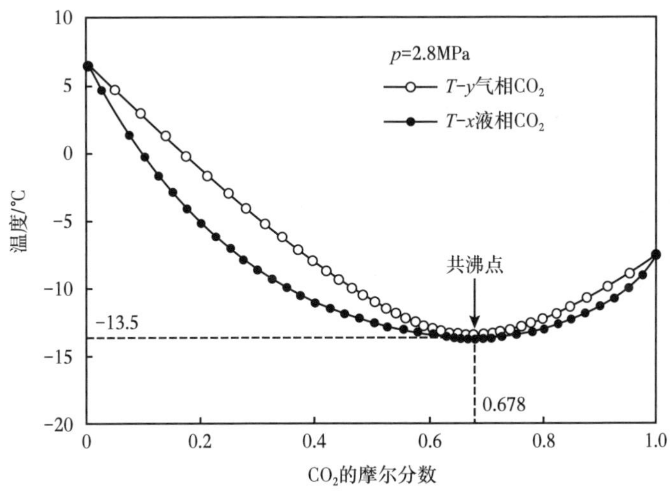

图 6-3　CO_2-C_2H_6 体系的 T—xy 相图

二、国内外技术现状

低温精馏技术捕集 CO_2 的原理是将低温技术与精馏法相结合，首先将原料气压缩、冷凝液化到特定压力、温度，再送入精馏塔，利用原料气中 CO_2 与其余组分的沸点不同，来提取混合气体中的 CO_2。原料气进入精馏塔后，在各塔板上进行传热传质，经过多次冷凝和蒸发后，将会在塔釜获得沸点较高的高纯度 CO_2 液体，而在塔顶则得到沸点较低的轻组分。

低温精馏技术主要应用在较高浓度的 CO_2 或 CO_2 分压较高的捕集过程中。较高浓度 CO_2 的原料气，主要源自天然气田回收尾气、天然气深冷装置脱碳尾气及富氧燃烧技术的尾气等[6]。不同来源的原料气中，其组分和初始参数存在差异。因此，在进入精馏塔前，原料气的纯化工艺过程也各有不同，共同之处是为了减少水在低温过程中，在设备、管道中造成冻堵及原料气中的含硫成分对设备、管道造成腐蚀，在冷凝之前都要对原料气进行脱硫及干燥处理。

对于组分简单的原料气，可以通过低温液化法捕集 CO_2，Berstad 等[7]对 IGCC 电厂在煤气化过程中产生的含有较高浓度的 CO_2 混合气体（主要成分为 CO_2 和 H_2），通过脱水并压缩到分离压力后再进行冷凝，选取的制冷剂为丙烷和乙烷，将冷凝后的原料通过闪蒸进一步纯化。通过对增加 CCS 装置且 CO_2 回收率达到 85% 和不增加捕集装置的 IGCC 电厂及通过 Selexol 方法捕集 CO_2，最终产品采用不同的输送方式的经济成本进行分析，得出：增加低温液化捕集装置的 IGCC 电厂与没有 CCS 装置电价增长 23%；但比 Selexol 方法捕集 CO_2 成本降低 9%，低温液化法最终产品使用管道输送，其成本与 Selexol 方法比降低 35%；随后，Skaugen 等对如何降低低温法捕集 IGCC 合成气中 CO_2 的能耗问题进行了探讨，认为工艺设备（如压缩机、膨胀机）的效率与分离过程的温度等因素相关。对于捕集的 CO_2，在后续利用中与其浓度的高低关系密切。通过低温液化最终得到的 CO_2 产品，并不能满足用于食品、医疗等大多数工业方面的纯度要求。因此，获得高纯度的 CO_2 产品，则必须进一步纯化。

低温精馏法是得到高纯度 CO_2 产品的主要方法之一，该工艺技术主要有 Ryan-Holmes、CFZ、SPREX 和 CryoCell，其中最具代表性的是美国 Koch Process Systems 公司开发的 Ryan-Holmes 低温分离技术[8]。国内大连理工大学张永春等人研发了可以生产出满足工业及食品标准要求的 CO_2 技术，工艺过程主要包括吸附干燥、冷冻液化和精馏储存三个系统。随后，该技术在国内多家环保企业及化工厂中被广泛应用。中国石油锦西石化公司以制氢装置尾气为原料气[9]，通过压缩—脱硫—干燥—增压—制冷系统冷凝后，将原料气处理为液态后送入精馏塔进行提纯，最终得到纯度为 99.99% 的液体 CO_2。新疆天智辰业化工有限公司以 MDEA 方法脱碳尾气作为原料气[10]，针对原料气成分，采用低

温精馏法设计了 CO_2 回收工艺，项目建成后得到了符合国家食品级标准的 CO_2 产品，且 CO_2 回收成本较低，经济效益较好。

三、低温精馏工艺技术及特点

1. 工艺技术

1）低温精馏工艺原理

工业上，通过不同操作压力生产 CO_2 的低温精馏工艺分为高压法、中压法和低压法[11]。

高压法是最传统的工艺方法，将原料气压缩到 6.0~9.0MPa，在 20~30℃ 条件下得到液态 CO_2 产品。将低温相变与高压精馏相结合，先通过压缩、冷却，将大部分液化的 CO_2 与部分原料气分离，再将该加压液化的 CO_2 在常温条件下进行高压精馏，最终得到纯度较高的 CO_2 产品。

低压法是在高压法的基础上进行改进，只需要将原料气压缩至 0.6~0.8MPa，在 −50~−42℃ 条件下得到液态 CO_2 产品，最后通过精馏得到纯净 CO_2。此法虽然需要的压力不高，但是消耗的冷量增大了，而且目前国内外常规制冷系统很难满足此工艺要求，因此很少应用。

中压法是目前业内选用最多的方法，需将原料气压缩至 1.6~2.5MPa，在 −25~−12℃ 条件下得到液态 CO_2 产品，最后通过精馏得到纯净 CO_2。相比于高压法，中压法多了制冷循环系统，但是大大减少了原料气的压缩功耗，设备和管道的投资成本也会降低，液态 CO_2 产品的储存、使用和运输也会更加便捷。

2）工艺流程

典型低温中压精馏流程如图 6–4 所示。

原料气经过压缩、纯化后进入精馏塔再沸器，进行冷却，冷源为精馏塔下塔出来的液态 CO_2。

原料气离开精馏塔再沸器后，进入 1 号进料冷却器再次冷却，此处冷源为精馏塔顶出来的不凝气。此次换热有效地回收了系统的冷量损失。

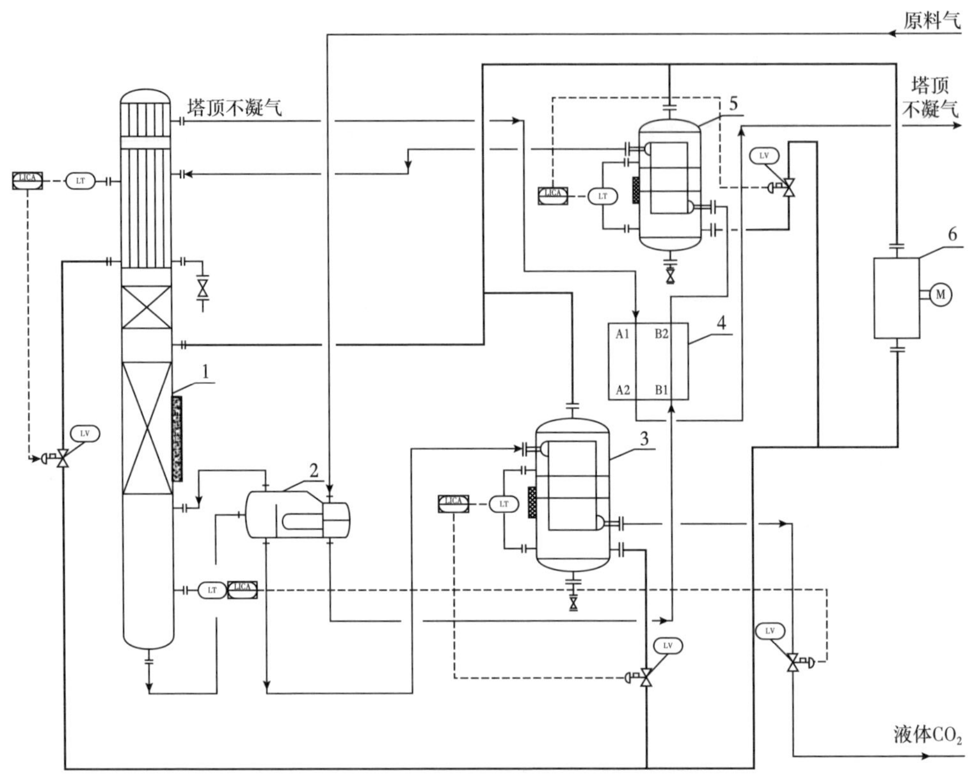

图 6-4　低温中压精馏流程图

1—精馏塔；2—精馏塔再沸器；3—冷却器；4—1 号进料冷却器；5—2 号进料冷却器；6—制冷机

离开 1 号进料冷却器后，原料气进入 2 号进料冷却器继续冷却，此时原料气由液体 CO_2 及部分不凝气组成，冷源由制冷机提供。

离开 1 号进料冷却器后，液体 CO_2 及所夹带的不凝气进入精馏塔进行精馏提纯，进一步分离出相对低沸点的杂质，此时精馏塔内不凝气体向塔顶部流动，液体 CO_2 向塔底部流动，向上流动的不凝气体依然含有大量的 CO_2，所以此部分不凝气体离开精馏塔后进入精馏塔顶冷凝器再次冷却，冷却后的液体 CO_2 及所夹带的不凝气进入精馏塔回流罐进行气液分离，液态部分回精馏塔继续精馏提纯，气态部分进入 1 号进料冷却器冷量回收后按照其组分另做他用或直接排放。

经过精馏塔精馏的液态产品进入精馏塔再沸器蒸馏提纯，进一步分离出相对低沸点的杂质，蒸馏后气态部分回精馏塔精馏，液态部分为最终的液态 CO_2 产品。

2. 技术特点

低温精馏工艺捕集 CO_2 技术的优势很显著：首先整套工艺不会对产品造成二次污染，不会产生额外的“三废”；其次，工艺设备简单，工艺流程短，不存在设备腐蚀问题。

低温精馏工艺捕集 CO_2 技术也有局限性：首先需要原料气中的 CO_2 浓度较高，因为低浓度的原料气会增加低温精馏工艺的能耗，从而降低该工艺的经济性；其次，对原料气的组分要求较高，精馏工艺很难分离沸点同 CO_2 相近的一些杂质。

目前，CO_2 回收技术基本都采用吸附与中压精馏综合法，该法体现了精馏工艺的特点，同时配合使用特定的选择性很强的吸附剂，有针对性地脱除沸点比 CO_2 高的杂质及通过精馏过程仍无法分离的杂质。

3. 能耗、物耗指标

以甲醇洗尾气提取液体 $CO_2 10\times10^4$t/a 项目为例，原料气组分见表 6-5。

表 6-5　来自甲醇洗装置原料气组分

序号	组成	数值
1	CO_2/%（体积分数）	82.64
2	CO/%（体积分数）	0.0003
3	H_2/%（体积分数）	0.01
4	N_2/%（体积分数）	12.9
5	CH_4/%（体积分数）	1.88
6	O_2/%（体积分数）	0.13
7	C_2H_6/%（体积分数）	1.5
8	C_3H_8/%（体积分数）	0.94

续表

序号	组成	数值
9	C_4H_{10}/%（体积分数）	0.0046
10	H_2S/（mL/m^3）	3~7
11	COS/（mL/m^3）	7~30
12	NH_3/（mL/m^3）	4~12
13	CH_3OH/（mL/m^3）	10~170
14	H_2O	饱和

注：温度为 5~30℃，压力为 5~15kPa。

原料气经过压缩、脱硫、干燥处理后进入低温精馏工艺流程，最终产品成分见表 6-6。

表 6-6　液体 CO_2 产品组分

序号	项目	指标
1	CO_2/%（体积分数）	≥ 95
2	CH_4/%（体积分数）	≤ 1
3	O_2/%（体积分数）	≤ 0.01
4	H_2S/（mL/m^3）	≤ 0.1
5	C_2—C_4 等轻烃类组分 /%（体积分数）	≤ 3

注：温度为 −20℃，压力为 2.0MPa。

低温精馏工艺中制冷机采用氨制冷机，整个系统的主要能耗物耗如下（以液态 CO_2 吨产品计）：电耗 337.9kW·h，循环水 76m^3，仪表气 8m^3，氮气 4.9m^3，脱硫剂及催化剂 1.5L，氧化铝及分子筛 7g。

4. 技术创新点

低温精馏工艺提取 CO_2 技术，主要形成以下创新点。

1）低温精馏工艺原料气的液化方式

低温精馏工艺流程简单安全，污染少，但是能耗相对较高，采用分级液化精馏工艺[12]可以很好地提高 CO_2 的提取率和装置能耗，通过 2 号进料冷却器和精馏塔外冷区器两个液化装置分别进行中温工况液化和低温工况液化。中温工况约完成 70% 的制冷任务，低温工况只需完成剩余的 30% 制冷任务。此方法可以降低制冷机的能耗，同时也减少了塔顶不凝器的排放，有着显著的节能减排效果。

2）制冷系统的选择

采用分级液化精馏工艺节能效果显著，但是两种工况的液化也增加了制冷系统的选择难度。如果选用常规型制冷机，往往需要至少两种工况的制冷设备。目前，多数厂家选用氨制冷机，单台制冷机可以满足多种工况的需求，是目前采用分级液化精馏工艺能效最高的制冷系统。

3）低温精馏工艺过程中的冷量回收

低温精馏工艺最显著的缺点就是能耗高，1 号进料冷却器能有效地对塔顶不凝气进行冷量回收，降低系统的冷损失，同时也降低了制冷机的能耗。

四、关键工艺设备

1. 精馏塔

1）精馏塔工作原理

CO_2 精馏塔的工作原理是利用 CO_2 混合物中各组分具有不同的挥发度，即在同一温度下各组分的蒸气压不同这一性质，使液相中的轻组分（低沸物）转移到气相中，而气相中的重组分（高沸物）转移到液相中，从而实现分离。

精馏塔的操作应掌握物料平衡、气液相平衡和热量平衡。物料平衡指的是单位时间内进塔的物料量应等于离开塔的各物料量之和。物料平衡体现了塔的生产能力，它主要是靠进料量和塔顶、塔底出料量调节。操作中，物料平衡的变化具体反映在塔底液面上。当塔的操作不符合总的物料平衡时，可以从塔压差的变化上反映出来。例如，进得多、出得少，则塔压差上升。对于一个固定的精馏塔，塔压差应在一定的范围内，塔压差过大，塔内上升蒸气的速度过大，雾沫夹带严重，甚至发生液泛而破坏正常的操作；塔压差过小，塔内上升蒸气的速度过小，塔板上气液两相传质效果降低，甚至发生漏液，大大降低了塔板效率。物料平衡掌握不好，会使整个塔的操作处于混乱状态，掌握物料平衡是塔操作中的一个关键。如果正常的物料平衡受到破坏，它将影响另两个平衡，即气液相平衡达不到预期的效果，热平衡也被破坏而需重新予以调整。气液相平衡主要体现了产品的质量及损失情况。它是通过调节塔的操作条件（温度、压力）及塔板上气液接触的情况来达到的。只有在温度、压力固定时，才有确定的气液相平衡组成，当温度、压力发生变化时，气液相平衡所决定的组成就发生变化，产品的质量和损失情况随之发生变化。气液相平衡与物料平衡密切相关，物料平衡掌握好了，塔内上升蒸气速度合适，气液接触良好，则传热传质效率高，塔板效率亦高。当然温度、压力也会随着物料平衡的变化而改变。热量平衡是指进塔热量和出塔热量的平衡，具体反映在塔顶温度上。热量平衡是物料平衡和气液相平衡得以实现的基础，反过来又依附于它们。没有热的气相和冷的回流，整个精馏过程就无法实现；而塔的操作压力、温度发生改变（即气液相平衡组成改变），则每块塔板上气相冷凝的放热量和液体汽化的吸热量也会随之改变，体现于进料供热和塔顶取热发生的变化上。掌握好物料平衡、气液相平衡和热量平衡是精馏操作的关键所在，三个平衡之间相互影响、相互制约。操作中通常是以控制物料平衡为主，相应调节热量平衡，最终达到气液相平衡[13]。

2）精馏塔的类型

精馏塔又称蒸馏塔，是进行精馏的一种塔式气液接触装置，主要有填料塔和板式塔两大类。

（1）填料塔又可分为散堆填料塔、板波纹填料塔和高效丝网填料塔等，在填料塔内填充适当高度的填料以增加两种流体间的接触表面。液体从塔顶沿填料表面呈薄膜状向下流动，气体则呈连续相由下向上同液膜逆流接触，发生传热传质过程。气液浓度沿塔高连续变化。

（2）板式塔的塔板可分为有降液管和无降液管两大类。有降液管的一般液体呈错流式，无降液管的液体呈逆流式。气体以鼓泡或喷射形式穿过板上液层，气液相互接触，进行传热传质过程，气液浓度沿塔高呈阶梯式变化。板式塔根据塔板不同，可以分为泡罩塔、浮阀塔、筛板塔、舌形板和斜孔板等。其中，以泡罩塔，浮阀塔和筛板塔在工业生产中使用最为广泛。

（3）填料塔与板式塔对比。从操作特点、设备性能、制造与维修、结构特点和适用场合对板式塔和填料塔进行了对比，其对比结果见表 6-7。

表 6-7　填料塔与板式塔对比

类型	板式塔	填料塔
操作特点	气液逆流逐级接触	逆流操作或并流操作
设备性能	空塔速度快，效率高且稳定；压降大，气液比的适应范围大，持液量大，操作弹性小	大尺寸空塔气速较大，小尺寸空塔气速较小；低压时分离效率高，高压时分离效率低，传统填料效率较低，新型散堆及规整填料效率较高；大尺寸压力降小，小尺寸压力降大；液相喷淋量较大，持液量小，操作弹性大
制造与维修	直径在 600mm 以下的塔安装困难，安装程序较简单，检修清理容易，金属材料耗量大	新型填料制备复杂，造价高，检修清理困难，可采用非金属材料制造，但安装过程较为困难
结构特点	每层板上装配有不同形式的气液接触元件或特殊结构，如筛板、泡罩、浮阀等；塔内设置有多层塔板，进行气液接触	塔内设置有多层整砌或散堆的填料，如拉西环、鲍尔环、鞍形填料等散装填料，格栅、波纹板、脉冲等规整填料；填料为气液接触的基本元件
适用场合	处理量大、操作弹性大、带有污垢的物料	处理强腐蚀性、气液比大、要求压力降小的物料

3）不同类型精馏塔的结构形式

板式塔的结构主要包括塔体、塔板、支撑板、除沫器。板式塔的塔板可分为有降液管和无降液管两大类。有降液管的一般液体呈错流式，无降液管的液体呈逆流式。按照塔板结构，分为泡罩塔、筛板塔、浮阀塔等。

（1）泡罩塔。

泡罩塔板是工业上应用最早的塔板，它主要由升气管和泡罩构成。泡罩安装在升气管顶部，分圆形和条形两种。泡罩有 ϕ80mm、ϕ100mm 和 ϕ150mm 三种尺寸，可根据塔径的大小选择。泡罩的下部周边开有很多齿缝，齿缝一般为三角形、矩形或梯形。泡罩在塔板上为正三角形排列。其优点是塔板操作弹性大，塔效率也较高，不易发生漏液，塔板不易堵。缺点是结构复杂，制造成本高，塔板阻力大，但生产能力不大。

（2）筛板塔。

塔板上开有许多均匀的小孔，一般分为小孔径（3~8mm）和大孔径（10~25mm）两种。筛孔在塔板上为正三角形排列。塔板上设置溢流堰，使塔板上能保持一定厚度的液层。操作时，气体经筛孔分散成小股气流，鼓泡通过液层，气液间密切接触而进行传热和传质。在正常的操作条件下，通过筛孔上升的气流，应能阻止液体经筛孔向下泄漏。

（3）浮阀塔。

浮阀塔是开发的一种新塔型，其特点是在每个筛孔处安装一个可上下移动的阀片。浮阀塔中有方形浮阀、圆形浮阀、条形浮阀、V-4 浮阀及 F1 浮阀等几种类型。安装在升气管的顶部，分圆形和条形两种，前者使用较广。

填料塔的结构主要包括塔体、填料层、液体分布器、液体再分布器、支撑板、除沫器等。按照填料形式的不同，可分为散堆填料塔、板波纹填料塔和格栅填料塔等。

（1）散堆填料塔。

散装填料是一粒粒具有一定几何形状和尺寸的颗粒体。散堆填料因在塔内呈不规则堆放，刚投入使用时气液湍动性能好，气液触及较为充分，填料传质效果好。但使用一段时间后填料易于阻塞的缺陷会渐渐显现，特别是在工艺环境较差的工况下，填料板片因呈不同夹角相互纵横，填料板片上易于沉积硫膏、污垢，致使气液偏流，形成填料干区，引致塔内填料阻塞，影响系统正常平稳运转。较为典型的散装填料主要有拉西环填料、鲍尔环填料、阶梯环填料、弧鞍填料、矩鞍填料、金属环矩鞍填料及球形填料。

（2）板波纹填料塔。

板波纹规整填料因波纹板片呈 45° 和 30° 倾斜规整，气液通过填料时，气液触及比较充分，刚使用时传质功效较好，但使用一段时间后填料会沉积硫膏、污垢，在脱硫塔内会迅速出现填料阻塞，导致液体偏流，影响脱硫效率。目前，只有极少数采用优质低硫煤的企业使用板波纹填料。

（3）格栅填料塔。

格栅填料因板片全部垂直塔横截面，填料板片在液体冲刷下不易黏附硫膏，抗堵能力强，但格栅填料是使用 4mm 厚的板片用定位管和钢筋固定，填料自身质量较大，一般为 200~300kg/m^3，且安定性能不强，易于致使塔内下部填料受不了重负而垮塌，像百叶窗一样关闭塔内气液通道，引致气液流通不畅，只有停车处置。加之，格栅填料板片较厚，在塔内占用有效性空间较大，填料比表面积一般不能超过 85m^2/m^3，传质功效不太完美。如果要加大比表面积，就需要增加板片密度，这样又易于引致填料堵塞。

2. 氨制冷机

1）氨制冷机的制冷原理

众所周知，液体汽化过程中会吸收潜热而使其周围的温度降低，汽化温度的高低，随液体压力的不同而不同，只要创造一定的压力条件，就可以利用该原理获取所要求的低温。蒸汽压缩式制冷就是利用这种液体汽化吸热的原理实现的。氨制冷机组主要由压缩机、冷凝器、储氨器、油分离器、节流阀、氨液分离器、蒸发器、中间冷却器、紧急泄氨器、集油器、各种阀门、压力表和高低压管道组成。其中，制冷系统中的压缩机、冷凝器、节流阀和蒸发器是四个基本部件。它们之间用管道依次连接，形成一个密闭的系统。工作时，压缩机将低温中压制冷剂（氨气）压缩成高温高压气体排入冷凝器；压缩机中排出来的高温高压气体进入冷凝器将热量传递给外界空气或冷却水后，凝结成液体氨；从冷凝器中流出来的液氨在高压下流向节流装置，经过节流减压后，液体的压力和温度都降低。从节流装置流出来的液氨流向蒸发器，吸收外界的热量而蒸发成为气体，从而使外界的温度降低，蒸发后的低温中压气体被压缩机吸入进行压缩，往复循环。

2）氨制冷机组的各部件

（1）压缩机。

提高氨气的压力是通过压缩机完成的。它是决定蒸气压缩式制冷机组性能优劣的关键部件，对机组的运行性能、噪声、振动、维护和使用寿命等有着直接的影响，是机组的“心脏”。制冷压缩机根据其工作原理可分为容积型和速度型两大类。压缩机按其原理可分为容积型压缩机与速度型压缩机。容积型又分为往复式压缩机、螺杆式压缩机；容积型压缩机是靠缩小工作容积，使气体分子间的间距变小，增加单位容积内的分子数，来提高气体的压力。速度型压缩机又分为轴流式压缩机、离心式压缩机和混流式压缩机。速度型压缩机是以高速旋转的离心力而使气体获得高速，利用气流的惯性，在减速运动中，气流后面的气体分子挤压前面已经停止的气体分子，而使分子间距缩短，提高了压力。压缩机组选型时应根据所需制冷量的大小执行有关节能的规定。选择活塞式压缩机时，当压缩比不大于 8 时，采用单级压缩；当压缩比不大于 8 时，采用二级压缩。氨压缩式制冷装置，应布置在隔断开的房间或单独的建筑物内，不得布置在地下室，也不得布置在民用建筑和工业企业辅助建筑物内。

（2）油分离器。

油分离器又称油器，用于分离压缩机压缩后氨气中所挟带的润滑油，以防止润滑油进入冷凝器，使传热条件恶化。油分离器的工作原理是借助油液和制冷剂蒸气的密度不同，利用增大管道直径降低流速，并改变制冷剂的方向；或者靠离心力作用，使油滴沉降而分离。对于蒸气状态的润滑油，则采用洗涤或冷却的方式降低蒸气温度，使之凝结为油滴而分离。有的则采用过滤等方法来增强分离效果。目前国内常用的油分离器，用于氨制冷的有洗涤式、填料式和离心式三种。

（3）氨液分离器。

氨液分离器的作用：一是分离来自蒸发器的氨液，防止氨液进入压缩机发生敲缸；二是用来分离节流后的低压氨液中所带的无效蒸气，以提高蒸发器的传热效果；三是调剂分配氨液。

氨液分离器有立式、卧式和 T 型三种结构形式。其工作原理同油分离器类同。

（4）储液器。

储液器的功能是储存和调节供给制冷系统内各部分的液体制冷剂。

各种储液器的结构大致相同，都是用钢板焊接成的圆柱形容器，筒体上装有进液、出液、放空气管、放油管、平衡管及压力表等，但是功能不同。

高压储液器设置在冷凝器之后，使冷凝器内的制冷剂液体能通畅地流入高压储液器，这样可以充分利用冷凝器的冷却面积，提高其传热效果。当蒸发器负荷变化时，制冷剂的需要量随之变化，储液器能起到调节制冷剂循环量的作用。

低压储液器一般用在大型制冷设备中。其功能是收集蒸发器回气管路上的液氨，以免液滴被冲入压缩机。

（5）凉水装置。

制冷系统中的冷却器、过滤器及制冷机的气缸等，都需要大量的冷却水不断地进行冷却，通常使用凉水装置将吸热后的冷却水降温后重复使用。凉水装置的形式很多，常用的有填料式凉水塔。它是依据水—空气对流换热和蒸发冷却的原理使水降温的高效冷却装置。冷凝器等设备的回水通过布水器从上向下喷淋，水滴沿着填料的表面呈膜状向下流动，空气在顶部风机的作用下，从底部进入塔体，由下而上在塔内与水流逆向运动进行热交换。这种装置结构紧凑，占地面积小，冷却效果好，耗水量低。

五、主要污染物及处理

1. 主要污染物

CO_2 捕集项目一般包括原料气压缩单元、净化单元、冷凝蒸发单元、精馏提纯单元和产品储存单元等几部分。常见污染物排放情况见表 6-8。

表 6-8　常见污染物排放情况

序号	名称	排放点	组成	排放方式
一、	废气、废水			
1	放空气	净化单元	CO_2、H_2、N_2 等	连续
2	地坪冲洗水		含油 4mg/L	连续
3	生活污水		固体悬浮物 65mg/L；COD 90mg/L	连续
二、	废渣			
1	一次净化剂	一次净化器	活性炭	一年一次
2	二次净化剂	二次净化器	氧化铝、硅胶	五年一次
3	三次净化剂	三次净化器	活性炭	八年一次
4	催化剂	氧化塔	钯催化剂	六年一次
三、	噪声			
1	冰机	氨冷系统		连续
2	压缩机	压缩系统		连续

2. 主要污染物治理

1）治理原则及总体方案

（1）保护环境、防治污染，贯彻循环经济与资源节约的总体原则。

认真贯彻落实相关法律法规和规定，如《中华人民共和国节约能源法》《中华人民共和国清洁生产促进法》、国务院《关于进一步开展资源综合利用的意见》，促进废物减量化、资源化、无害化，在设计中全面贯彻循环经济的理念。

以节水、节能为重点，促进企业节能降耗，提高资源利用效率；以推行清洁生产为重点，促进工业污染防治从末端治理向污染预防转变；以废弃物综合利用和再生资源回收利用为重点，促进资源综合利用再上新台阶。

对外排废物严格执行相关标准规范，保护环境、防治污染。

（2）循环经济、资源节约和清洁生产的总体方案。

合理的产业链、合理的生产规模在投资、能源利用、管理、污染物产生与治理方面有明显的优越性。将通过产品、物耗、能耗、技术经济、污染物排放量等指标进行方案优化，最终选用生产规模合理的方案。

对原料、辅助材料和公用工程（水、电、汽等）进行充分的平衡，合理配置公用工程，以节省资源和能源。

对不能利用的废弃物进行填埋、焚烧等无害化处理，使其减少对环境的污染。

2）污染控制方案

（1）废气。

废气主要为净化单元的解吸气及 CO_2 提纯装置提纯器顶部闪蒸出来的闪蒸气，闪蒸气先经预冷器预冷原料气后，再作为冷吹气和再生气对净化单元进行冷吹和再生，再生后的闪蒸气直接排放至大气，解吸气和闪蒸气的主要成分为 CO_2，可通过 15m 高管道高点排放；系统开车用吹扫气则为压缩空气，直接排至大气。

（2）废水。

废水主要为生活污水及装置地坪冲洗水，由专业环保有限公司负责处理，事故水排入事故应急池。

（3）废渣。

废渣主要是废吸附剂，其主要成分均为活性炭，两年更换一次，交由有资质的专业公司进行处理。

（4）噪声。

噪声主要为原料气压缩机、冰机、泵等产生的噪声。原料气压缩机、冰机、泵等机泵的噪声可在选型时要求厂方采取措施将噪声控制到最低，并在安装时采用消声、隔声处理，使其对周围环境的影响降至最小。

（5）绿化。

厂区应在道路两侧、空地上、房间旁进行绿化，种植各类乔木、灌木和绿篱等，以达到降噪除尘的目的。全厂绿化系数应不低于 20%。

六、技术应用情况及效果

目前，低温精馏法已在工业上应用，低温精馏法在低温制冷及压缩过程需要消耗能量。Xu 等[14]对传统低温精馏法捕集 CO_2 系统进行了改进，提出一种多级压缩和分离的新系统，原料气通过脱水处理后，经过多个阶段的压缩液化后，将压缩液化阶段分离的粗 CO_2 液送入精馏塔纯化，精馏在高压、接近环境温度的工况下进行，降低了精馏过程中消耗的冷量，最终 CO_2 回收率提高至 90.04%，产品纯度达 99.9%。研究表明，此方法可以提高 CO_2 的回收率，相对降低整个捕集过程的能耗。不少学者通过理论、模拟和实验的方法，研究如何降低低温精馏捕集过程的能耗，如何有效回收利用过程中的能量及优化工艺流程，取得了不少成果和进展。

低温精馏法捕集 CO_2 是相对成熟的碳捕集技术，如何降低低温精馏法回收 CO_2 成本，成为近年来国内外关注的重点和未来的研究方向。

参考文献

[1] 陈国邦，包锐，黄永华 . 低温工程技术·数据卷 [M]. 北京：化学工业出版社，2006.

[2] SEO Y，HUH C，CHANG D. Economic evaluation of CO_2 liquefaction processes for ship-based Carbon Capture and Storage（CCS）chain[C]. Busan：International Ocean and Polar Engineering Conference，2014：580-583.

[3] 曹文胜，鲁雪生，顾安忠，等 . 降低空气中 CO_2 浓度的低温液化法 [J]. 低温技术，34（1）：14-17.

[4] 成东键 ，钱卫明 .CO_2 的低温储存和运输 [J]. 油气储运，1994，13（3）：30-33.

[5] 化国 .CO_2 液化项目中液化压力及制冷剂的选择 [J]. 节能技术，2015，33（5）：443-446.

[6] 张磊，张哲，巴玺立，等 . “碳中和” 背景下油气田碳捕集技术发展方向 [J]. 油气与新能源，2022，34(1):80-86.

[7]BERSTAD D，SKAUGEN G，ROUSSANALY S，et al.CO_2 capture from IGCC by low-temperature synthesis gas separation[J].Energies，2022，15：515.

[8] 韩鹏飞 .EOR 伴生气低温分离 CO_2 回收工艺改进研究 [D]. 成都：西南石油大学，2017.

[9] 李凤 . 制氢装置尾气中二氧化碳的回收和利用 [J]. 石化技术，2012，19(4):15-17，45.

[10] 聂辉 . 电石炉气净化产生烟气中二氧化碳回收工艺的设计与优化 [D]. 石河子：石河子大学，2019.

[11] 张婷 . 精馏法制高纯 CO_2 工艺研究 [D]. 重庆：重庆大学，2021.
[12] 张立群，吕吉友 . 分级液化精馏在二氧化碳回收利用项目中的应用 [J]. 山东化工，2021，50（20）：251-253，255.
[13] 毛绍融，朱朔元，周智勇 . 现代空分设备技术与操作原理 [M]. 杭州：杭州出版社，2004.
[14] XU G，LIANG F F，YANG Y P.An improved CO_2 separation and purification system based on cryogenic separation and distillation theory[J].Energies，2014，7：3484-3502.